ORIGO STEPPING STONES 2.0
EN ESPAÑOL PROGRAMA INTEGRAL DE MATEMÁTICAS

AUTORES

James Burnett
Calvin Irons
Peter Stowasser
Allan Turton

CONSULTORES DEL PROGRAMA

Diana Lambdin
Frank Lester, Jr.
Kit Norris

ESCRITOR CONTRIBUYENTE

Beth Lewis

TRADUCTOR

Delia Varela

ORIGO EDUCATION

LIBRO DEL ESTUDIANTE A

INTRODUCCIÓN

LIBRO DEL ESTUDIANTE DE ORIGO *STEPPING STONES 2.0*

ORIGO Stepping Stones 2.0 es un programa integral de matemáticas de nivel mundial, el cual ha sido desarrollado por un equipo de expertos con el fin de proveer un método equilibrado de enseñar y aprender matemáticas. El Libro del estudiante consiste de dos partes: Libro A y Libro B. El Libro A consta de los módulos 1 al 6, y el Libro B de los módulos 7 al 12. Cada libro contiene lecciones y páginas de práctica, una tabla de contenidos completa, un glosario para estudiante y un índice para el profesor.

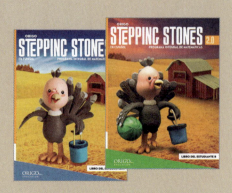

PÁGINAS DE LECCIONES

Hay dos páginas por cada 12 lecciones en cada módulo. Esta muestra indica los componentes principales.

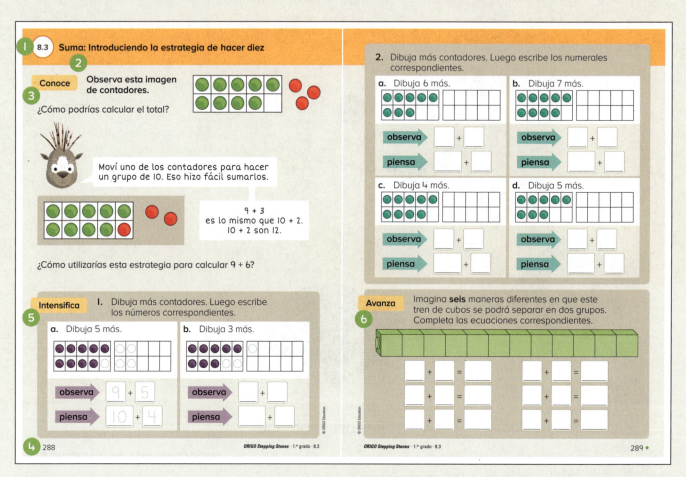

1. Número de módulo y lección.

2. El título de la lección indica el contenido de la lección. Éste tiene dos partes: el tallo (o gran idea) y la hoja (la cual da más detalles).

3. La sección Conoce está diseñada para generar diálogo en la clase. Las preguntas abiertas se plantean para hacer que los estudiantes razonen acerca de métodos y respuestas diferentes.

4. En 1.ᵉʳ grado, el Libro A indica un diamante azul junto a cada número de página, y las referencias en el índice están en azul. El Libro B indica un diamante verde y las referencias en el índice están en verde.

5. La sección Intensifica provee trabajo escrito apropiado para el estudiante.

6. La sección Avanza da un giro a cada lección con el fin de desarrollar habilidades de pensamiento más avanzadas.

INTRODUCCIÓN

PÁGINAS DE PRÁCTICA

Cada una de las lecciones 2, 4, 6, 8, 10 y 12 proporciona dos páginas de refuerzo de conceptos y destrezas. Estas muestras indican los componentes principales.

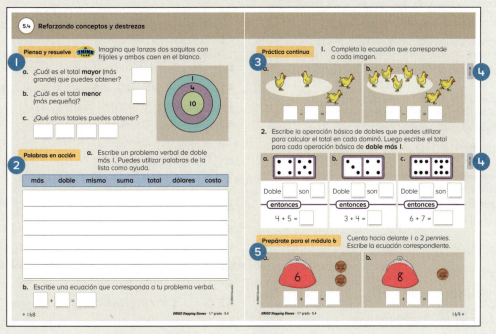

1. ORIGO Think Tanks es una manera muy popular entre los estudiantes de practicar la resolución de problemas. Hay tres problemas Think Tank en cada módulo.

2. El desarrollo del lenguaje escrito es esencial. Estas actividades intentan ayudar a los estudiantes a desarrollar su vocabulario académico y proveen oportunidades para que los estudiantes escriban su razonamiento.

3. La sección Práctica continua repasa contenidos aprendidos previamente. La pregunta 1 siempre repasa el contenido aprendido en el módulo previo, y la pregunta 2 repasa el contenido del mismo módulo.

4. Esta pestaña indica la lección de origen.

5. Cada página del lado derecho proporciona contenido que prepara a los estudiantes para el módulo siguiente.

6. La práctica escrita constante de las estrategias mentales es esencial. En cada módulo hay tres páginas con prácticas de cálculo matemático que se enfocan en estrategias específicas.

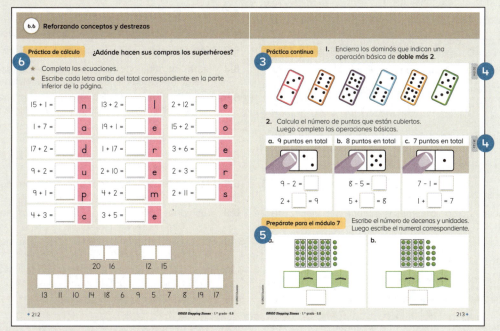

ORIGO Stepping Stones • 1er grado

CONTENIDOS

LIBRO A

MÓDULO 1

1.1	Número: Representando cantidades (hasta el diez)	6
1.2	Número: Escribiendo los numerales del cero al nueve	8
1.3	Número: Asociando representaciones (hasta el diez)	12
1.4	Número: Represetando cantidades (del 11 al 20)	14
1.5	Número: Escribiendo los nombres de los números con una sola decena	18
1.6	Número: Representando los números con una sola decena	20
1.7	Número: Haciendo grupos para indicar mayor o menor (hasta 20)	24
1.8	Número: Trabajando con la posición	26
1.9	Número: Leyendo los símbolos de los números ordinales	30
1.10	Número: Asociando los nombres de los números ordinales con sus símbolos	32
1.11	Datos: Repasando las gráficas de sí/no	36
1.12	Datos: Creando e interpretando gráficas	38

MÓDULO 2

2.1	Suma: Repasando conceptos	44
2.2	Suma: Contando hacia delante en vez de contar todos	46
2.3	Suma: Introduciendo la estrategia de contar hacia delante	50
2.4	Suma: Reforzando la estrategia de contar hacia delante	52
2.5	Suma: Repasando la estrategia piensa grande cuenta pequeño	56
2.6	Suma: Utilizando la propiedad conmutativa	58
2.7	Suma: Ampliando la estrategia de contar hacia delante (hasta 20)	62
2.8	Suma: Introduciendo la estrategia de dobles	64
2.9	Suma: Reforzando la estrategia de dobles	68
2.10	Hora: Introduciendo la hora (analógica)	70
2.11	Hora: Reforzando la hora (analógica)	74
2.12	Hora: Leyendo la hora (digital)	76

MÓDULO 3

3.1	Número: Dando nombre a grupos de diez	82
3.2	Número: Escribiendo decenas y unidades (sin ceros)	84
3.3	Número: Escribiendo decenas, unidades y nombres de números (sin ceros)	88
3.4	Número: Escribiendo decenas y unidades, y nombres de números (con ceros)	90
3.5	Número: Escribiendo decenas y unidades, y numerales de dos dígitos	94
3.6	Número: Trabajando con grupos de diez	96
3.7	Número: Trabajando con decenas y unidades (*dimes* y *pennies*)	100
3.8	Número: Resolviendo acertijos	102
3.9	Longitud: Haciendo comparaciones directas	106
3.10	Longitud: Haciendo comparaciones indirectas	108
3.11	Longitud: Contando unidades no estándares para medir	112
3.12	Longitud: Midiendo con unidades no estándares	114

MÓDULO 4

4.1	Resta: Repasando conceptos (separar)	120
4.2	Resta: Repasando conceptos (quitar a)	122
4.3	Resta: Escribiendo ecuaciones	126
4.4	Resta: Introduciendo la estrategia de contar hacia atrás	128
4.5	Resta: Reforzando la estrategia de contar hacia atrás	132
4.6	Resta: Resolviendo problemas verbales	134
4.7	Suma/resta: Resolviendo problemas verbales	138
4.8	Figuras 2D: Analizando figuras	140
4.9	Figuras 2D: Clasificando figuras	144
4.10	Figuras 2D: Identificando figuras	146
4.11	Figuras 2D: Creando figuras	150
4.12	Figuras 2D: Componiendo figuras	152

MÓDULO 5

5.1	Suma: Introduciendo la estrategia de doble más 1	158
5.2	Suma: Reforzando la estrategia de doble más 1	160
5.3	Suma: Introduciendo la estrategia de doble más 2	164
5.4	Suma: Reforzando la estrategia de doble más 2	166
5.5	Suma: Comparando todas las estrategias	170
5.6	Número: Utilizando una balanza de platillos para comparar cantidades	172
5.7	Número: Comparando cantidades (menores que 100)	176
5.8	Número: Comparando números de dos dígitos (valor posicional)	178
5.9	Número: Comparando para ordenar números de dos dígitos	182
5.10	Número: Introduciendo símbolos de comparación	184
5.11	Número: Escribiendo comparaciones (con símbolos)	188
5.12	Número: Comparando números de dos dígitos (con símbolos)	190

MÓDULO 6

6.1	Resta: Identificando las partes y el total	196
6.2	Resta: Explorando la idea del sumando desconocido	198
6.3	Resta: Identificando sumandos desconocidos	202
6.4	Resta: Introduciendo la estrategia de pensar en suma (operaciones básicas de contar hacia delante)	204
6.5	Resta: Reforzando la estrategia de pensar en suma (operaciones básicas de contar hacia delante)	208
6.6	Resta: Introduciendo la estrategia de pensar en suma (operaciones básicas de dobles)	210
6.7	Resta: Reforzando la estrategia de pensar en suma (operaciones básicas de dobles)	214
6.8	Fracciones comunes: Identificando ejemplos de un medio (modelo longitudinal)	216
6.9	Fracciones comunes: Identificando ejemplos de un medio (modelo de área)	220
6.10	Fracciones comunes: Identificando ejemplos de un cuarto (modelo longitudinal)	222
6.11	Fracciones comunes: Identificando ejemplos de un cuarto (modelo de área)	226
6.12	Fracciones comunes: Reforzando un medio y un cuarto (modelo de área)	228

GLOSARIO DEL ESTUDIANTE E ÍNDICE DEL PROFESOR 234

CONTENIDOS

LIBRO B

MÓDULO 7

7.1	Número: Analizando el 100	244
7.2	Número: Escribiendo números de tres dígitos hasta el 120 (sin números con una sola decena)	246
7.3	Número: Escribiendo numerales y nombres de números hasta el 120 (sin números con una sola decena)	250
7.4	Número: Escribiendo numerales y nombres de números hasta el 120 (con números con una sola decena)	252
7.5	Número: Escribiendo números de tres dígitos hasta el 120	256
7.6	Número: Escribiendo números de dos y tres dígitos hasta el 120	258
7.7	Resta: Introduciendo la estrategia de pensar en suma (operaciones básicas de casi dobles)	262
7.8	Resta: Reforzando la estrategia de pensar en suma (operaciones básicas de casi dobles)	264
7.9	Resta: Reforzando todas las estrategias	268
7.10	Hora: Introduciendo la media hora después de la hora (analógica)	270
7.11	Hora: Leyendo y escribiendo la media hora después de la hora (digital)	274
7.12	Hora: Relacionando la hora analógica y la digital	276

MÓDULO 8

8.1	Suma: Explorando combinaciones de diez	282
8.2	Suma: Utilizando la propiedad asociativa	284
8.3	Suma: Introduciendo la estrategia de hacer diez	288
8.4	Suma: Reforzando la estrategia de hacer diez	290
8.5	Suma: Reforzando la propiedad conmutativa	294
8.6	Suma: Reforzando todas las estrategias	296
8.7	Igualdad: Repasando conceptos	300
8.8	Igualdad: Trabajando con situaciones de equilibrio	302
8.9	Igualdad: Equilibrando ecuaciones	306
8.10	Datos: Registrando en un tabla de conteo	308
8.11	Datos: Recolectando en una tabla de conteo	312
8.12	Datos: Interpretando una tabla de conteo	314

MÓDULO 9

9.1	Suma: Ampliando la estrategia de contar hacia delante	320
9.2	Suma: Identificando uno o diez mayor o menor (tabla de cien)	322
9.3	Suma: Explorando patrones (tabla de cien)	326
9.4	Suma: Cualquier número de dos dígitos y 1, 2, 3 o 10, 20, 30 (tabla de cien)	328
9.5	Suma: Cualquier número de dos dígitos y un múltiplo de diez (tabla de cien)	332
9.6	Suma: Números de dos dígitos (tabla de cien)	334
9.7	Suma: Introduciendo métodos de valor posicional	338
9.8	Suma: Números de dos dígitos	340
9.9	Suma: Números de uno y dos dígitos (composición de decenas)	344
9.10	Suma: Números dos dígitos (composición de decenas)	346
9.11	Suma: Reforzando las estrategias de valor posicional (composición de decenas)	350
9.12	Suma: Resolviendo problemas verbales	352

MÓDULO 10

10.1	Resta: Escribiendo operaciones básicas relacionadas	358
10.2	Resta: Reforzando operaciones básicas relacionadas	360
10.3	Resta: Escribiendo ecuaciones relacionadas (múltiplos de diez)	364
10.4	Resta: Escribiendo operaciones básicas de suma y de resta relacionadas	366
10.5	Resta: Escribiendo familias de operaciones básicas	370
10.6	Resta: Explorando el modelo de comparación	372
10.7	Resta: Contando hacia delante y hacia atrás	376
10.8	Resta: Descomponiendo un número para hacer puente hasta diez	378
10.9	Resta: Resolviendo problemas verbales (con comparaciones)	382
10.10	Objetos 3D: Identificando y clasificando objetos	384
10.11	Objetos 3D: Analizando objetos	388
10.12	Objetos 3D: Creando objetos	390

MÓDULO 11

11.1	Resta: Introduciendo la estrategia de pensar en suma (operaciones básicas de hacer diez)	396
11.2	Resta: Reforzando la estrategia de pensar en suma (operaciones básicas de hacer diez)	398
11.3	Suma/resta: Reforzando las estrategias de las operaciones básicas	402
11.4	Suma/resta: Resolviendo problemas verbales (todas las operaciones básicas)	404
11.5	Álgebra: Contando de dos en dos	408
11.6	Álgebra: Contando de cinco en cinco y de diez en diez	410
11.7	Álgebra: Explorando patrones crecientes y decrecientes	414
11.8	Dinero: Relacionando *dimes* y *pennies*	416
11.9	Dinero: Relacionando todas las monedas	420
11.10	Dinero: Determinando el valor de un grupo de monedas	422
11.11	Dinero: Pagando con monedas	426
11.12	Dinero: Relacionando dólares, *dimes* y *pennies*	428

MÓDULO 12

12.1	Número: Trabajando con el valor posicional (tabla de cien)	434
12.2	Número: Resolviendo acertijos (tabla de cien)	436
12.3	Número: Explorando la secuencia de conteo hasta el 120	440
12.4	Resta: Ampliando la estrategia de contar hacia atrás	442
12.5	Resta: Explorando patrones	446
12.6	Resta: Múltiplos de diez de cualquier número de dos dígitos (tabla de cien)	448
12.7	Resta: 1, 2, 3, o 10, 20, 30 de cualquier número de dos dígitos (tabla de cien)	452
12.8	Resta: Números de dos dígitos (tabla de cien)	454
12.9	Capacidad: Haciendo comparaciones directas	458
12.10	Capacidad: Midiendo con unidades no estándares	460
12.11	Masa: Haciendo comparaciones directas	464
12.12	Masa: Midiendo con unidades no estándares	466

GLOSARIO DEL ESTUDIANTE E ÍNDICE DEL PROFESOR 472

1.1 Número: Representando cantidades (hasta el diez)

Conoce Estos payasos están haciendo malabares con frutas.

Cuenta las frutas que tiene cada payaso.

¿Con cuántas frutas hace malabares cada payaso?

Escribe cada numeral en el aire.

> Los símbolos que escribes para indicar un número se llaman **numerales**.

Intensifica

1. Dibuja la cantidad de ○ que corresponda al numeral.

a.

b.

2. Traza líneas para unir el numeral a la cantidad correspondiente. Sobra una imagen.

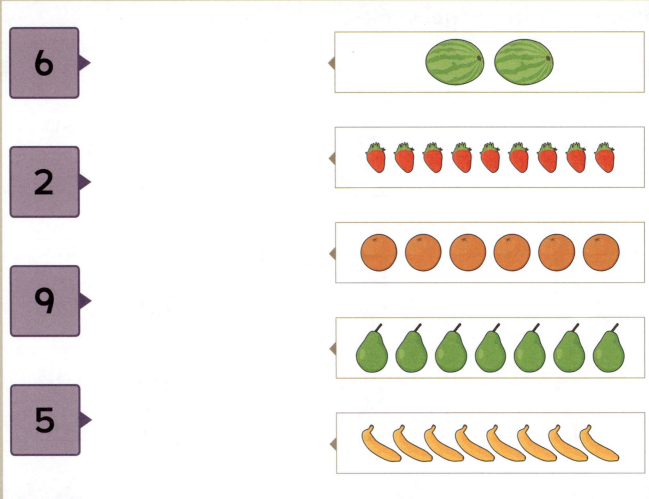

| Avanza | Dibuja en cada vagón del tren la cantidad de ○ que corresponda al numeral. |

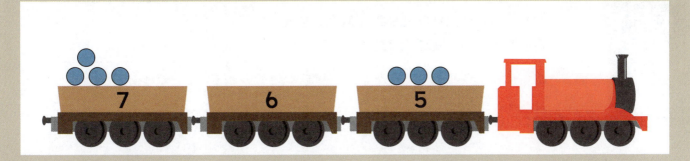

1.2 Número: Escribiendo los numerales del cero al nueve

Conoce Traza los numerales.

¿Cuáles numerales inician de arriba hacia abajo ↓?

¿Cuáles numerales inician hacia la izquierda ↶?

¿Cuáles numerales inician hacia la derecha ↷?

¿Cuáles numerales inician de abajo hacia arriba ↑?

 Indica cómo escribirías el numeral para el cero.

¿Hacia cuál dirección iniciaste?

Intensifica — Cuenta las frutas. Escribe el numeral correspondiente.

a. ☐ manzanas

b. ☐ bananas

c. ☐ naranjas

d. ☐ piñas

e. ☐ ciruelas

f. ☐ peras

g. ☐ cerezas

h. ☐ limones

i. ☐ durazno

Avanza — Observa los números de teléfono. Encierra los numerales que no correspondan a los numerales de la página 8.

| Jude | 521-6562 |
| Allison | 929-2059 |

| Sofía | 934-4332 |
| Paul | 526-8701 |

1.2 Reforzando conceptos y destrezas

Práctica de cálculo

★ Escribe las respuestas tan rápido como puedas.

inicio → 2 + 2 = ☐   4 + 1 = ☐   5 − 2 = ☐

2 + 3 = ☐   4 − 3 = ☐   1 + 3 = ☐

1 + 1 = ☐   5 − 3 = ☐   4 − 1 = ☐

5 − 4 = ☐   4 − 2 = ☐   3 + 2 = ☐

2 − 1 = ☐   2 + 1 = ☐   5 − 5 = ☐ → meta

Práctica continua

1. Traza una línea desde cada moneda hasta su nombre.

2. Traza líneas para conectar los numerales a las cantidades.

Prepárate para el módulo 2

Utiliza dos colores para indicar dos grupos. Luego escribe el número en cada parte y el total.

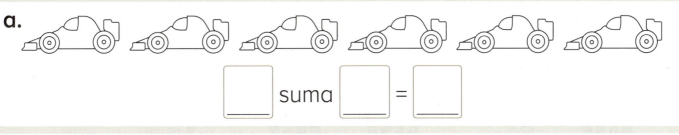

a. ☐ suma ☐ = ☐

b. ☐ suma ☐ = ☐

1.3 Número: Asociando representaciones (hasta el diez)

Conoce

¿Cómo puedes calcular rápidamente cuántos dedos están levantados sin contar cada uno?

Sé que hay 10 dedos en 2 manos. 3 dedos están doblados, por lo tanto son 3 menos que 10.

Escribe el numeral que corresponda al número de dedos que están levantados.

Traza el nombre del número que corresponda al número de dedos que están levantados.

Intensifica

1. Escribe el numeral que corresponda al número de dedos que están levantados.

a.

b.

c.

d.

e.

f.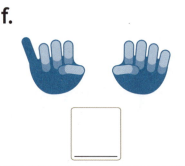

2. Escribe el nombre del número. Luego dibuja el número de ◯ correspondiente.

a. 5	cinco	
b. 2	dos	
c. 9	nueve	
d. 8	ocho	
e. 4	cuatro	
f. 0	cero	

Avanza Lee las pistas. Escribe el nombre del número que corresponda.

Pistas
Soy una palabra de tres letras.
Dices mi nombre cuando cuentas tus ojos.
Soy uno menor que tres.

1.4 Número: Represetando cantidades (del 11 al 20)

Conoce

¿Cuántas manzanas rojas ves en la bandeja azul?

¿Cuántas manzanas verdes ves en esta bandeja?

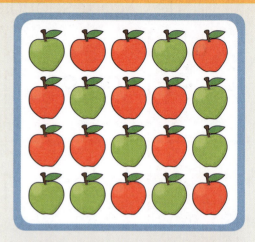

Gavin tomó las manzanas verdes de la bandeja morada.

¿Cuántas manzanas rojas ves en esta bandeja?

¿Cuántas manzanas verdes tomó Gavin?

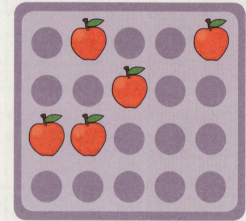

 Lleva registro de tu conteo tachando a medida que avanzas.

Intensifica

1. Colorea el número de ◯ que corresponda a cada numeral.

a. 16

b. 12
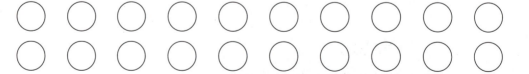

c. 19
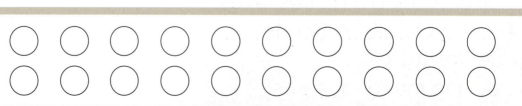

2. Cuenta las frutas. Escribe el numeral correspondiente.

a.

b.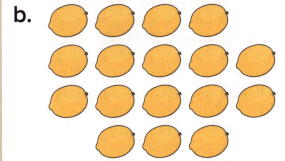

c.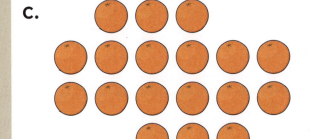

d.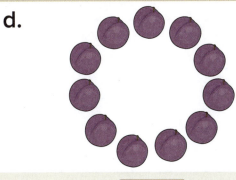

e.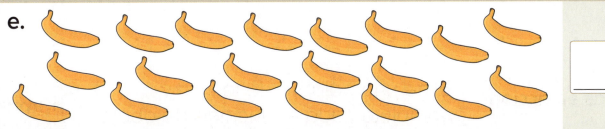

Avanza William tiene 12 *pennies*. Dibuja más *pennies* para indicar un total de 12.

1.4 Reforzando conceptos y destrezas

Piensa y resuelve

a. ¿Cuántos puntos hay **dentro** de esta forma? ____

b. ¿Cuántos puntos hay en los **lados** de esta forma? ____

c. Dibuja una forma diferente que tenga 4 lados rectos y 2 puntos dentro.

Palabras en acción

Elige una palabra de la lista y completa cada enunciado de abajo. Utiliza cada palabra solo una vez.

numeral
cinco
cero
diez

a. El nombre para el número 5 es _____.

b. Hay _____ dedos en dos manos.

c. Escribes un _____ para indicar un número.

d. El nombre para 0 es _____.

Práctica continua

1. Encierra un grupo de monedas que corresponda a la lista.

I *quarter*
2 *nickels*
I *dime*

2. Cuenta las frutas. Escribe el numeral correspondiente.

a.
____ manzanas

b.
____ bananas

c.
____ naranjas

Prepárate para el módulo 2

Escribe el numeral que corresponda al número de puntos.

a.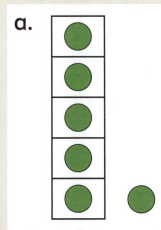

b.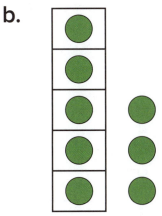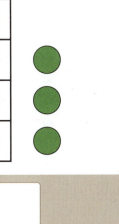

c.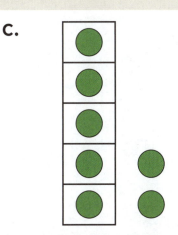

1.5 Número: Escribiendo los nombres de los números con una sola decena

Conoce Hay seis contadores en este marco de diez.

Dibuja más contadores para indicar **dieciséis**.

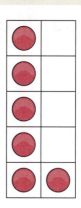

La parte *dieci* significa *diez*, entonces **dieciséis** significa 10 y 6.

¿Qué número indica la imagen?

Traza el nombre del número.

dieciocho

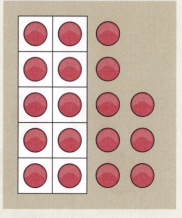

¿Qué otros nombres de números con una sola decena podrías escribir?

¿Piensas que 11 y 12 son números con una sola decena? ¿Qué notas en los nombres de esos números?

Intensifica   1. Escribe el nombre cada de número.

a. 16   dieciséis

b. 19   diecinueve

c. 14   catorce

2. Escribe el nombre de cada número.

a. **17** diecisiete

b. **13** trece

c. **15** quince

d. **11** once

e. **12** doce

f. **18** dieciocho

3. Colorea los nombres de los números que están escritos correctamente.

| diecisiete | diecicinco | once | dieciséis |
| diecitres | dieznueve | catorce | doce |

Avanza La edad del hermano de Kinu es un número de una sola decena. Colorea los nombres de los números para indicar la edad que él podría tener. Hay más de una respuesta posible.

| veinte | dieciséis | diecinueve | ocho | catorce |

1.6 Número: Representando los números con una sola decena

Conoce ¿Cuántos ● hay en este marco de diez?

¿Cómo lo sabes?

¿Cómo podrías utilizar el marco de diez y más contadores para indicar 12, 15 o 18?

Observa la imagen de abajo.
Escribe el número de contadores.

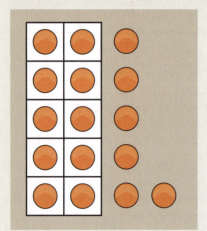

☐ decena   ☐ unidades

¿Qué indican los contadores junto al marco de diez?

Intensifica

1. Dibuja la cantidad de ○ que corresponda a cada numeral.

a. 14

b. 17

c. 12

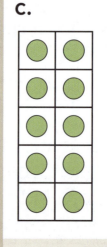

2. Dibuja la cantidad de ◯ que corresponda a cada numeral. Recuerda llenar primero el marco de diez.

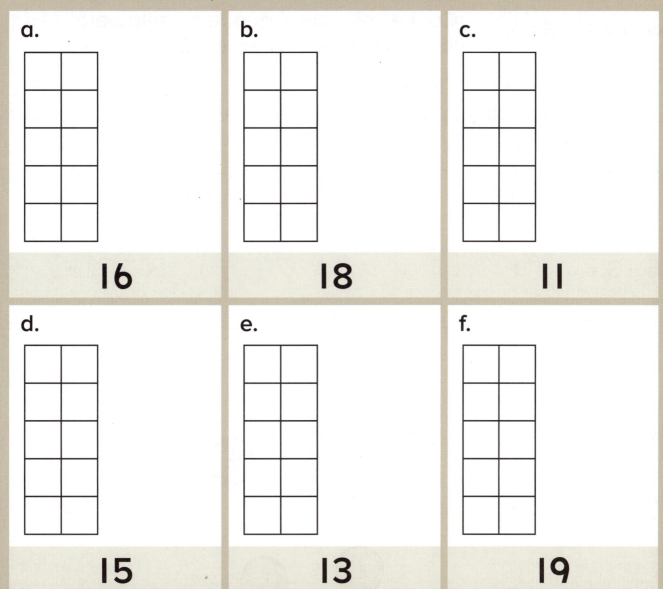

Avanza

Este número de contadores se puede indicar de otra manera. Dibújalos utilizando el marco de diez. Escribe el numeral correspondiente.

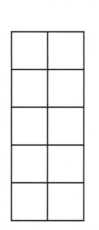

1.6 Reforzando conceptos y destrezas

Práctica de cálculo ¿Cuál es el animal que tiene silla pero no se puede sentar en ella?

★ Completa las ecuaciones.

★ Utiliza una regla para trazar líneas rectas y unir las respuestas correspondientes. Cada línea pasará por una letra.

★ Escribe la letra arriba de la respuesta correspondiente en la parte inferior de la página. Algunas letras se repiten.

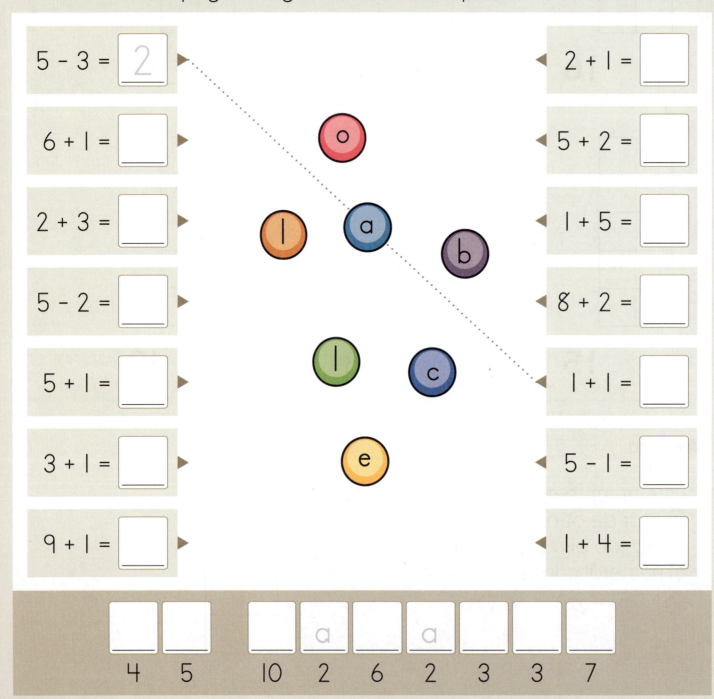

Práctica continua

1. Traza una línea desde cada moneda hasta su valor.

| 1 centavo | 5 centavos | 25 centavos | 10 centavos |

2. Colorea la cantidad de ○ que corresponda a cada numeral.

a. 15

b. 18

c. 14

Prepárate para el módulo 2

Colorea los pájaros. Luego escribe la ecuación correspondiente.

a. Colorea 3 pájaros de rojo.

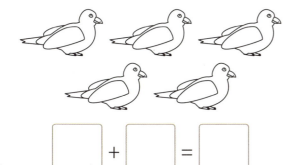

☐ + ☐ = ☐

b. Colorea 5 pájaros de rojo.

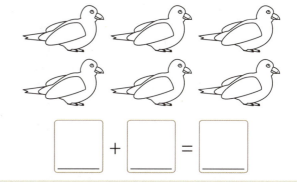

☐ + ☐ = ☐

1.7 Número: Haciendo grupos para indicar mayor o menor (hasta 20)

Conoce   Observa esta imagen.

¿Cómo puedes calcular el número que se indica sin contar todos los contadores?

Escribe el numeral correspondiente.

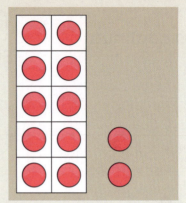

Dibuja ○ para indicar un número **menor**.

Dibuja ○ para indicar un número **mayor**.

Piensa en todos los números menores que 12.
¿Qué números diferentes podrías dibujar?

¿Qué número es **uno mayor** que 12?
¿Qué número es **uno menor** que 12?

Intensifica

1. Escribe el numeral que corresponda al número que se indica.
Dibuja ○ para indicar un número **mayor**.
Luego dibuja ○ para indicar un número **menor**.

menor		mayor

2. Escribe el numeral que corresponda al número que indica cada imagen. Dibuja ○ para indicar el número que es **uno mayor**. Luego dibuja ○ para indicar el número que es **uno menor**.

uno menor		uno mayor
a.		
b.		
c.		

Avanza   Lee el problema. Luego colorea el ○ junto a la declaración verdadera.

David tiene 18 tarjetas en su colección. Él tiene una tarjeta más que Trina.

○ Trina tiene más tarjetas.

○ Trina tiene 19 tarjetas.

○ Trina tiene 17 tarjetas.

1.8 Número: Trabajando con la posición

Conoce Escribe los números que faltan en esta cinta numerada.

| 1 | 2 | 3 | 4 | | | 7 | 8 | 9 | 10 | 11 | | 13 | | 15 | 16 | 17 | 18 | | 20 |

Utiliza **rojo** para colorear los números que son **uno mayor que** y **uno menor que** 7. Utiliza **azul** para colorear todos los números **mayores que** 15. Utiliza **verde** para colorear todos los números **menores que** 4.

Completa estos enunciados.

13 es uno menor que ___. es uno mayor que 3.

Intensifica

1. Escribe los números que faltan. Utiliza la cinta numerada de arriba como ayuda.

a.

b.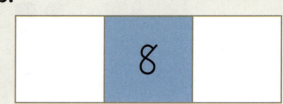

c.

d.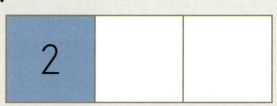

e.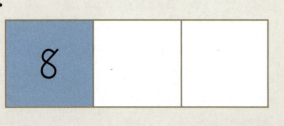

f.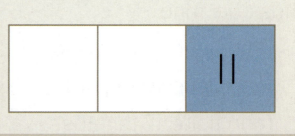

2. Escribe el número correspondiente. Utiliza la cinta numerada de la parte superior de la página 26 como ayuda. Algunas de las pistas tienen más de una respuesta.

Mi número

a. es uno mayor que 10	**b.** es menor que 4
c. es mayor que 17	**d.** es uno menor que 12
e. está entre el 10 y el 15	**f.** es uno menos que 20
g. está entre el 14 y el 16	**h.** es dos mayor que 5

Avanza Tres amigos coleccionan tarjetas de baloncesto. Felipe tiene una tarjeta más que Samantha. Jamal tiene una tarjeta menos que Felipe. ¿Cuántas tarjetas podría tener cada persona?

Jamal tiene ____ tarjetas.   Samantha tiene ____ tarjetas.

Felipe tiene ____ tarjetas.

1.8 Reforzando conceptos y destrezas

Piensa y resuelve Escribe un número para hacer cada balanza verdadera.

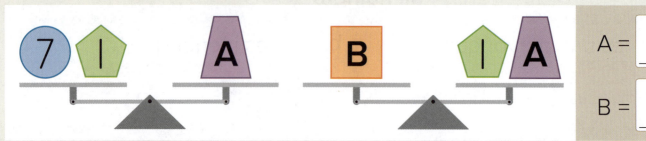

Palabras en acción

a. Elige dos números menores que 20. Escribe acerca de tus números. Puedes utilizar las palabras de la lista como ayuda.

mayor que menor que	cinta numerada antes	después entre

_____
_____
_____
_____

b. Dibuja una imagen para indicar tus números.

Práctica continua

1. Colorea monedas para indicar la cantidad en cada etiqueta de precio.

a. 7 centavos

b. 15 centavos

2. Dibuja más ○ de manera que correspondan a cada numeral.

a. 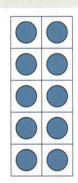 12

b. 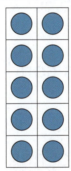 16

c.  19

Prepárate para el módulo 2

Escribe la cantidad en el monedero. Escribe la cantidad que se le está sumando. Luego escribe el total.

a.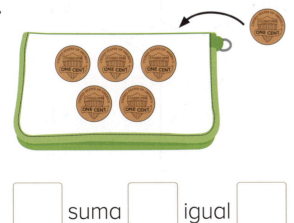

☐ suma ☐ igual ☐

b.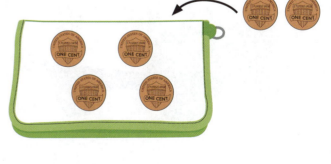

☐ suma ☐ = ☐

1.9 Número: Leyendo los símbolos de los números ordinales

Conoce ¿Qué sucede en esta imagen?

¿Qué atleta llegó 1.º?
¿Cómo lo sabes?

Observa este juguete.

¿Qué aro entró 1.º?

¿Qué aro entró 3.º?

¿Cómo podrías describir las posiciones de los otros dos aros?

¿Dónde más podrías describir cosas con 1.º, 2.º y 3.º?

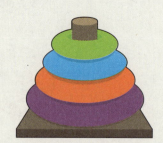

Intensifica   1. Traza líneas para conectar los puntos en orden.

a.

b.
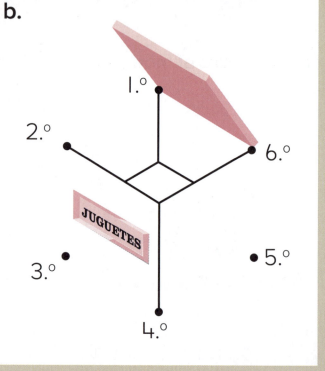

2. Traza ⌒ para conectar los puntos en orden.

3. La 1.ª bola de helado de yogurt es de fresa. Colorea estas bolas de helado.

a. Colorea la 2.ª bola de azul.	**b.** Colorea la 4.ª bola de rojo.	**c.** Colorea la 3.ª bola de verde.

Avanza Dibuja 🙂 en la **1.ª**, **3.ª**, **5.ª**, **7.ª** y **9.ª** posiciones. Luego dibuja ☹ en las otras posiciones para crear un patrón.

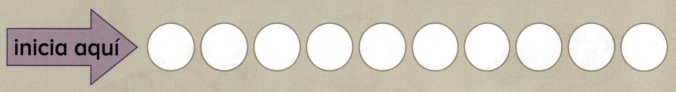

Escribe el nombre de la última posición.

Número: Asociando los nombres de los números ordinales con sus símbolos

Conoce   Describe el orden de los autos en esta carrera.

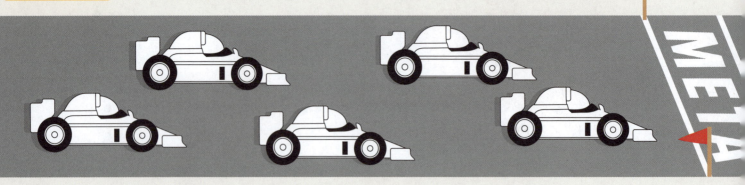

Colorea de verde el auto que terminará en 2.º lugar.
Colorea de azul el auto que terminará en último lugar.

Colorea de amarillo el auto que terminará en 3.ᵉʳ lugar.
Colorea de rojo el auto que terminará en primer lugar.

¿En qué posición terminará el otro auto? ¿Cómo lo sabes?

Intensifica   1.   Traza líneas para conectar los autos a sus cintas.

2. El primer avión es el sombreado. Colorea los otros aviones de acuerdo a las instrucciones.

a. Colorea el cuarto avión de rojo.
b. Colorea el 7.º avión de verde.
c. Colorea el último avión de anaranjado.
d. Colorea el sexto avión de morado.
e. Colorea el 3.ᵉʳ avión de amarillo.
f. Colorea el octavo avión de café.

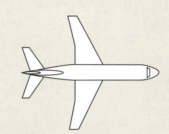

g. ¿En qué posiciones están los dos aviones blancos?

Avanza En cada carrera, Australia terminó dos lugares detrás de USA. Escribe las posiciones que faltan en cada carrera.

Australia	USA	Australia	USA	Australia	USA
6.ª	___	___	1.ª	4.ª	___

Australia	USA	Australia	USA	Australia	USA
___	3.ª	10.ª	___	___	7.ª

1.10 Reforzando conceptos y destrezas

Práctica de cálculo — ¿Cuáles dos días de la semana comienzan con A?

★ Completa las ecuaciones.

★ Escribe la letra en cada casilla arriba de la respuesta correspondiente en la parte inferior de la página.

4 − 2 = 2	d	1 + 8 = ☐	r
5 + 2 = ☐	a	5 − 1 = ☐	t
7 + 1 = ☐	n	2 + 4 = ☐	y
5 − 2 = ☐	e	9 + 1 = ☐	i
3 + 2 = ☐	l		

Algunas letras se repiten.

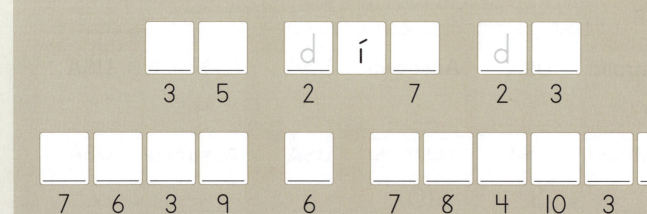

☐ ☐   d í ☐   d ☐
3 5   2 7   2 3

☐ ☐ ☐ ☐   ☐   ☐ ☐ ☐ ☐ ☐ ☐
7 6 3 9   6   7 8 4 10 3 9

Práctica continua

1. Continúa los patrones.

a.

b.

2. Escribe el numeral que corresponda al número que se indica.
Dibuja ◯ para indicar el número que es **uno mayor**.
Luego dibuja ◯ para indicar el número que es **uno menor**.

uno menor		uno mayor

Prepárate para el módulo 2 — Completa la ecuación. Escribe el número **mayor** de primero.

a.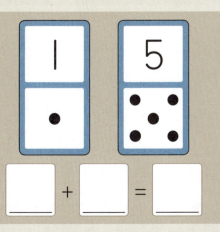

☐ + ☐ = ☐

b.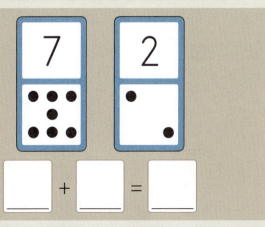

☐ + ☐ = ☐

1.11 Datos: Repasando las gráficas de sí/no

Conoce

En esta gráfica una carita significa un voto.

¿Qué te dice la gráfica?

¿Cuántos estudiantes han estado en una granja?

¿Cuántos estudiantes no han estado en una granja?

¿Cuántos estudiantes votaron en total?

Completa esta ecuación para indicar cuántos estudiantes más han estado en una granja que los que no han estado en una granja.

¿Has estado en una granja?

Sí   No

Intensifica

1. Lee esta pregunta a otros estudiantes. Dibuja una 🙂 en la gráfica para indicar cada respuesta.

¿Te gustan los rompecabezas?						
Sí						
No						

36

2. Observa la gráfica de la pregunta 1 para responder cada pregunta.

a. ¿A cuántos estudiantes les gustan los rompecabezas?

b. ¿A cuántos estudiantes no les gustan los rompecabezas?

c. ¿Cuántos estudiantes votaron en total?

d. ¿Es el número de estudiantes a quienes les gustan los rompecabezas mayor que el número de estudiantes a quienes no les gustan?

Avanza

Dibuja ☺ en la gráfica de manera que correspondan a cada pista.

Pista 1
Tres estudiantes votaron no.

Pista 2
Más estudiantes votaron sí.

Pista 3
Ocho estudiantes votaron en total.

¿Has estado alguna vez en otro país?

Sí	No

1.12 Datos: Creando e interpretando gráficas

Conoce Un grupo de estudiantes votó por su animal de zoológico favorito. Cada uno colocó un contador junto a su animal favorito para indicar su voto.

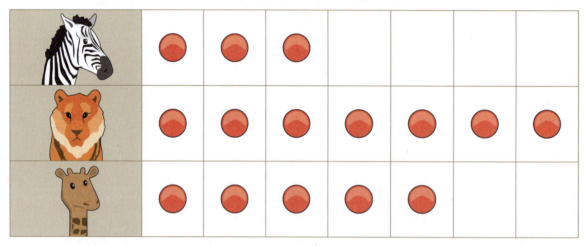

¿Qué te dice la gráfica?
¿Cuál es el animal de zoológico más popular?

¿Cuántos estudiantes votaron por cada animal?
¿Cuántos estudiantes votaron en total?

¿Cuántos estudiantes más votaron por el tigre que por la jirafa?

Intensifica

1. Pide a los estudiantes de tu clase que voten por su animal favorito. Dibuja un ✔ para indicar cada voto.

2. Dibuja ⭘ junto a los animales para indicar cada voto de la pregunta 1.

3. Observa la gráfica de arriba para responder cada pregunta.

a. ¿Cuántos estudiantes votaron por la jirafa?

b. ¿Cuántos estudiantes votaron en total?

c. ¿Cuál animal es el más popular?

d. ¿Es el número de estudiantes que votaron por la jirafa mayor que el número de estudiantes que votaron por la cebra?

e. ¿Es el número de estudiantes que votaron por el tigre mayor que el número de estudiantes que votaron por la jirafa?

Avanza

Observa la gráfica en la parte superior de la página 38. ¿Puedes decir cuál animal es el más popular sin contar el número de contadores junto a cada animal? Comparte tu razonamiento con otro estudiante.

1.12 Reforzando conceptos y destrezas

Piensa y resuelve

¿Qué número soy? ☐

- Soy menor que 12.
- Soy mayor que 4 + 5.
- No soy el 10.

Palabras en acción

Escribe la respuesta para cada pista en la cuadrícula. Utiliza las palabras en inglés de la lista.

Pistas horizontales

1. 14 tiene una ___ y 4 unidades.
4. 15 es ___ que 12.
5. Una gráfica se utiliza para indicar ___.
6. 13 es ___ que 16.

Pistas verticales

2. 18 es el ___ que corresponde a dieciocho.
3. 10 está ___ 9 y 11.

numeral
numeral

ten
decena

data
datos

between
entre

greater
mayor

less
menor

40

Práctica continua

1. Observa el patrón. Dibuja las partes que faltan.

2. Traza líneas para conectar los puntos en orden.

a.

b.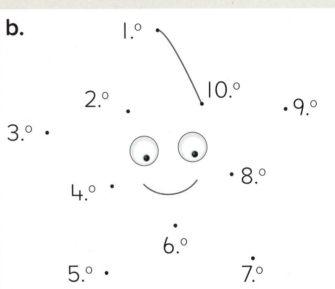

Prepárate para el módulo 2

Escribe dos ecuaciones que correspondan a cada dominó.

a.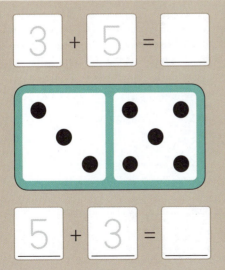

$3 + 5 = \square$

$5 + 3 = \square$

b.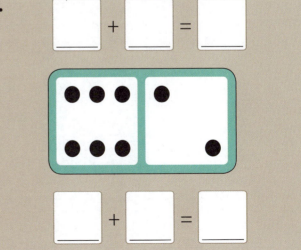

$\square + \square = \square$

$\square + \square = \square$

Espacio de trabajo

2.1 Suma: Repasando conceptos

Conoce ¿Qué está sucediendo en esta imagen?

¿Cuántos osos están dentro del autobús?
¿Cuántos osos se están subiendo al autobús?
¿Cuál es el número total de osos?

Escribe la ecuación correspondiente.

☐ + ☐ = ☐

¿Cuántas mochilas azules puedes ver?
¿Cuántas mochilas blancas puedes ver?
¿Cuál es el número total de mochilas?

Escribe la ecuación correspondiente.

☐ + ☐ = ☐

¿Qué ecuación indicaría el número total de osos que llevan sombreros?

Intensifica

1. Resuelve cada problema. Escribe la ecuación correspondiente.

   a. Hay 4 osos en un autobús. Se suben 3 osos más. ¿Cuántos osos hay en el autobús ahora?

   ☐ + ☐ = ☐

   b. Hay un oso en un autobús. Se suben 4 osos más. ¿Cuántos osos hay en el autobús ahora?

   ☐ + ☐ = ☐

2. Colorea los osos. Luego escribe la ecuación correspondiente.

a. Colorea 5 osos de café.

☐ + ☐ = ☐

b. Colorea 2 osos de café.

☐ + ☐ = ☐

c. Colorea 4 osos de café.

☐ + ☐ = ☐

d. Colorea 3 osos de café.

☐ + ☐ = ☐

Avanza Utiliza contadores como ayuda para resolver este problema.

Hay 5 osos sentados en el autobús.
Un oso se baja del autobús.
Luego 3 osos más se suben al autobús.
¿Cuántos osos hay en el autobús ahora?

____ osos

2.2 Suma: Contando hacia delante en vez de contar todos

Conoce ¿Cuál es una forma rápida de calcular el número total de dedos levantados?

Veo 5 y 2. 5 es mayor, entonces cuento hacia delante a partir de 5. Eso es 5...6...7.

Utiliza tu manera rápida para calcular el número total de cubos.

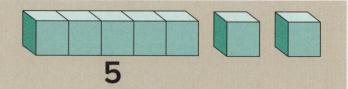

Intensifica

1. Comienza en 5 y cuenta hacia delante. Escribe los números **que dices**.

a.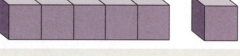

 5   6   7   8

b.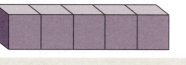

c.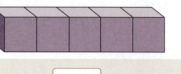

2. Comienza en 5 y cuenta hacia delante. Escribe el total.

a.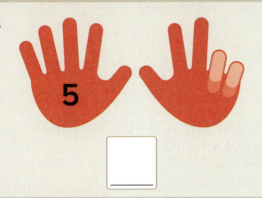

b.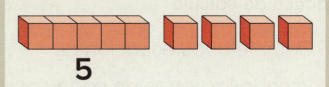

c.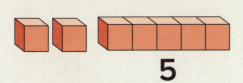

d.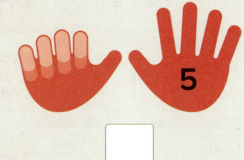

e.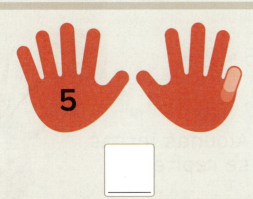

f.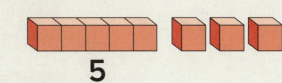

Avanza Escribe la ecuación de suma que corresponda a cada imagen.

a.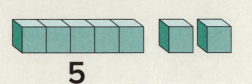

b.

2.2 Reforzando conceptos y destrezas

Práctica de cálculo

★ Completa las ecuaciones.

★ Escribe las letras en cada casilla arriba de las respuestas correspondientes en la parte inferior de la página.

3 + 1 = 4 r		3 - 3 = ☐ m
2 - 1 = ☐ s		5 - 3 = ☐ a
4 - 1 = ☐ e		5 + 0 = ☐ i
5 + 3 = ☐ n		5 + 2 = ☐ u
7 - 1 = ☐   h

Algunas letras se repiten.

l				o				g		
2	1		6	4	0	5		2	1	

			c	
8	7	8	2	

d			r			
7	3		0	3	8	

48

Práctica continua

1. Escribe el numeral correspondiente junto a cada imagen. Luego traza una línea desde cada imagen hasta el nombre del número correspondiente.

2. Colorea los ratones. Luego escribe la ecuación correspondiente.

a. Colorea 2 ratones de café.

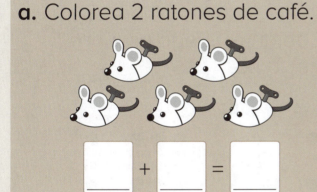

b. Colorea 3 ratones de café.

Prepárate para el módulo 3

Escribe el numeral que corresponda al número de contadores.

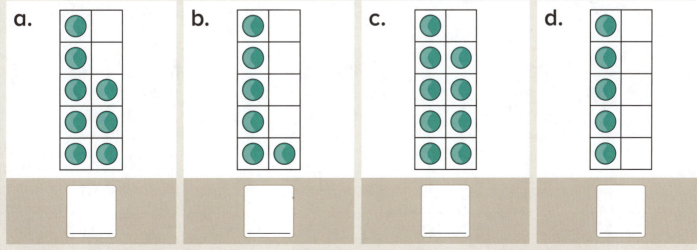

2.3 Suma: Introduciendo la estrategia de contar hacia delante

Conoce ¿Cuál es la manera más fácil de calcular el número total de puntos en esta tarjeta?

¿Qué operación básica de suma podrías escribir?

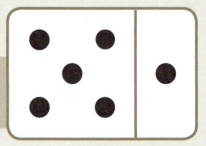

☐ + ☐ = ☐

¿Qué otras operaciones básicas podrías calcular de esta manera?

Intensifica

1. Cuenta 1, 2 o 3 hacia delante. Luego escribe la operación básica de suma.

a.

☐ + ☐ = ☐

b.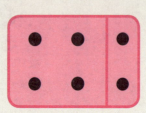

☐ + ☐ = ☐

c.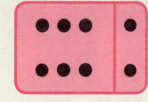

☐ + ☐ = ☐

d.

☐ + ☐ = ☐

e.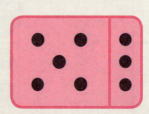

☐ + ☐ = ☐

f.

☐ + ☐ = ☐

2. Escribe la operación básica de suma que corresponda a cada tarjeta.

a.
☐ + ☐ = ☐

b.
☐ + ☐ = ☐

c.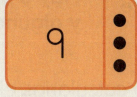
☐ + ☐ = ☐

d.
☐ + ☐ = ☐

e.
☐ + ☐ = ☐

f.
☐ + ☐ = ☐

3. Cuenta 1 o 2 hacia delante para calcular el total. Luego escribe la operación básica de suma.

a.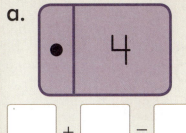
☐ + ☐ = ☐

b.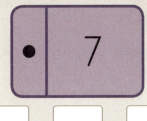
☐ + ☐ = ☐

c.
☐ + ☐ = ☐

Avanza Observa el total. Dibuja los puntos que faltan en la tarjeta. Luego completa la operación básica de suma.

a.
☐ + ☐ = 8

b.
☐ + ☐ = 9

2.4 Suma: Reforzando la estrategia de contar hacia delante

Conoce

Hay **6** *pennies* dentro del monedero y algunos afuera.

¿Cómo calcularías el número total de *pennies*?

¿Qué operación de suma podrías escribir?

☐ + ☐ = ☐

Intensifica

1. Cuenta 1 o 2 *pennies* hacia delante. Luego escribe la operación básica de suma.

a.

4 + ☐ = ☐

b.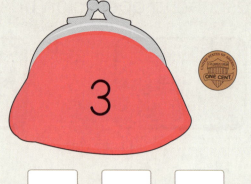

☐ + ☐ = ☐

c.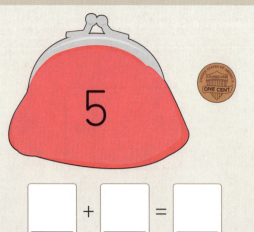

☐ + ☐ = ☐

d.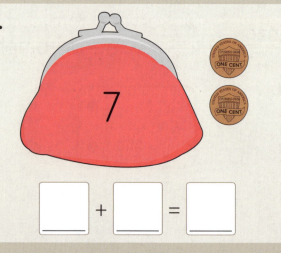

☐ + ☐ = ☐

2. Escribe una ecuación para resolver cada problema.

a. Hay 5 libros en un escritorio. Se colocan 2 libros más en él. ¿Cuántos libros hay en el escritorio ahora?

b. 4 amigos están nadando. Un amigo más se les une. ¿Cuántos amigos están nadando ahora?

c. Hay 6 juguetes en una mesa y 3 juguetes en el piso. ¿Cuántos juguetes hay en total?

d. Hay 9 pájaros en un árbol. 2 pájaros más vuelan al árbol. ¿Cuántos pájaros hay en el árbol ahora?

3. Escribe los totales.

a. 3 + 2 =

7 + 1 =

c. 8 + 2 =

d. 9 + 0 =

e. 4 + 3 =

f. 3 + 1 =

Avanza Hay 13 *pennies* en total. ¿Cuántos hay en el monedero?

_____ *pennies*

2.4 Reforzando conceptos y destrezas

Piensa y resuelve Escribe un número para hacer cada balanza verdadera.

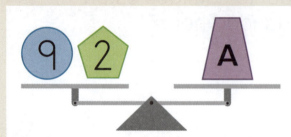 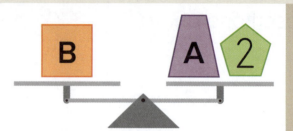

A = ___
B = ___

Palabras en acción

a. Escribe una historia de suma. Puedes utilizar palabras de la lista como ayuda.

| suma |
| igual |
| hace |
| une |
| y |
| total |
| grupo |

_____
_____
_____
_____

b. Dibuja una imagen que corresponda a tu historia.

c. Escribe una ecuación que corresponda a la imagen.   ☐ + ☐ = ☐

Práctica continua

1. Escribe el numeral que corresponda a la imagen.

a.

b.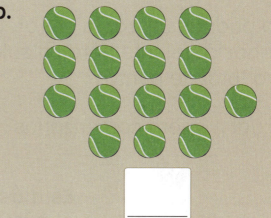

2. Escribe la operación básica de suma que corresponda a cada tarjeta.

a.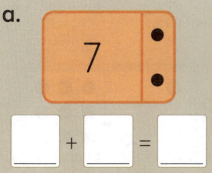

☐ + ☐ = ☐

b.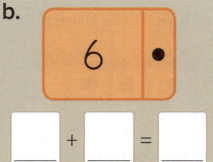

☐ + ☐ = ☐

c.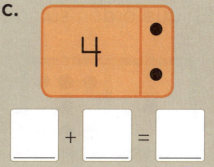

☐ + ☐ = ☐

Prepárate para el módulo 3

Escribe el número de decenas y unidades.

a.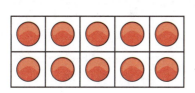

☐ decena y ☐ unidades

b.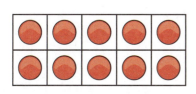

☐ decena y ☐ unidades

2.5 Suma: Repasando la estrategia piensa grande cuenta pequeño

Conoce ¿Cuántos puntos hay en cada parte de este dominó?

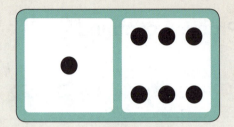

¿Cómo podrías utilizar la estrategia de contar hacia delante para calcular el número total de puntos?

¿Con cuál número comenzarías?

Es más fácil comenzar con el número **más grande** y contar hacia delante el número **más pequeño**.

¿En qué orden sumarías los puntos en estos dominós?

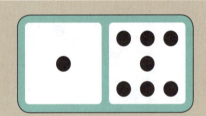 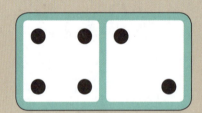 

Intensifica

1. Escribe el numeral para indicar cada número de puntos. Luego encierra el número **más grande**.

a.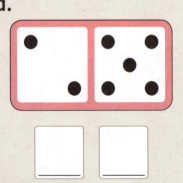

b.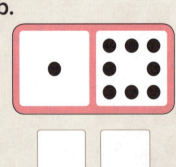

c.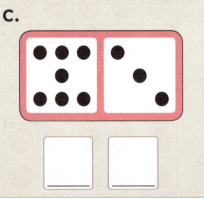

2. Comienza con el número **más grande**. Cuenta hacia delante el número **más pequeño**. Luego escribe el total.

a.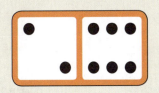
6 + 2 =

b.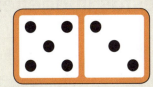
5 + 3 =

c.
7 + 2 =

d.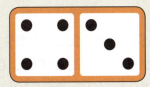
4 + 3 =

e.
8 + 2 =

f.
3 + 1 =

3. Calcula el número total de puntos. Escribe una ecuación para indicar el orden mejor para sumar los puntos.

a.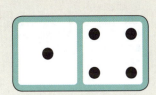
☐ + ☐ = ☐

b.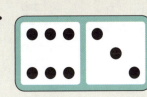
☐ + ☐ = ☐

c.
☐ + ☐ = ☐

Avanza Encierra el número que dices primero para calcular el total. Luego completa la ecuación.

a. 2 + 4 =

b. 7 + 1 =

c. 3 + 8 =

d. 5 + 1 =

e. 6 + 1 =

f. 0 + 9 =

2.6 Suma: Utilizando la propiedad conmutativa

Conoce ¿Qué notas en estas imágenes?

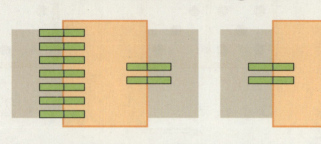

¿Qué operación de suma correspondería a cada imagen?

¿Qué número dirías primero?
¿Qué número contarías hacia delante?

A estas operaciones se les llama operaciones conmutativas básicas.

Intensifica

1. Completa la operación básica de suma y su operación conmutativa.

a.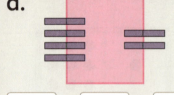

4 + 2 = ☐
2 + ☐ = ☐

b.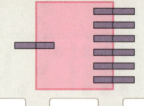

1 + 6 = ☐
☐ + ☐ = ☐

c.

6 + 2 = ☐
☐ + ☐ = ☐

d.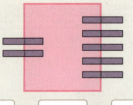

2 + ☐ = ☐
☐ + 2 = ☐

e.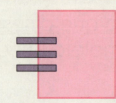

3 + ☐ = ☐
☐ + ☐ = ☐

f.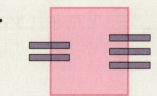

2 + ☐ = ☐
☐ + ☐ = ☐

2. Escribe la operación de suma. Luego escribe la operación conmutativa básica.

a.

☐ + ☐ = ☐
☐ + ☐ = ☐

b.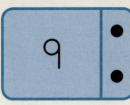

☐ + ☐ = ☐
☐ + ☐ = ☐

c.

☐ + ☐ = ☐
☐ + ☐ = ☐

d.

☐ + ☐ = ☐
☐ + ☐ = ☐

e.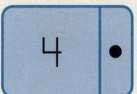

☐ + ☐ = ☐
☐ + ☐ = ☐

f.

☐ + ☐ = ☐
☐ + ☐ = ☐

Avanza Observa el total. Dibuja los puntos que faltan en la tarjeta. Luego escribe dos operaciones básicas de suma correspondientes.

a.

☐ + ☐ = 10
☐ + ☐ = ☐

b.

☐ + ☐ = 11
☐ + ☐ = ☐

2.6 Reforzando conceptos y destrezas

Práctica de cálculo

★ Completa las ecuaciones.

★ Traza una línea desde cada pelota hasta la bandera correspondiente.

★ Encierra la pelota que no tiene una bandera correspondiente.

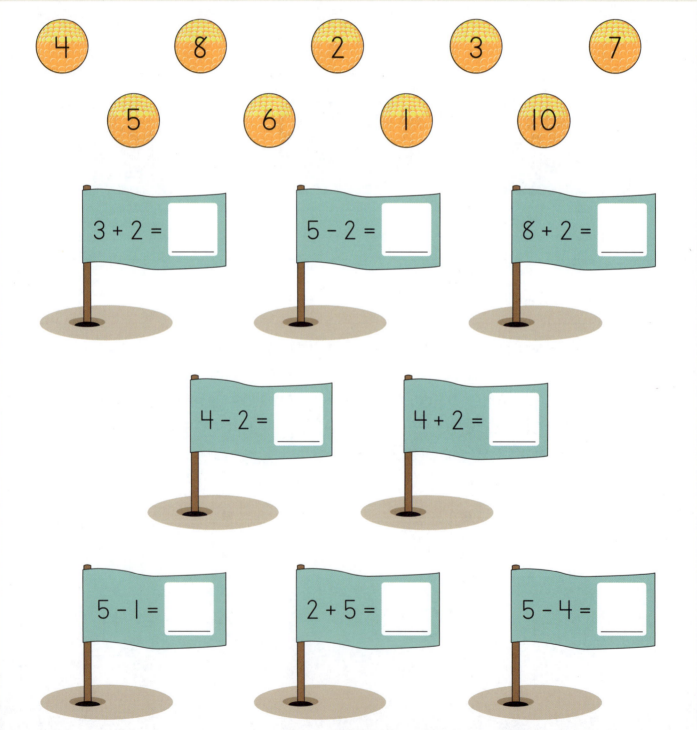

Práctica continua

1. Dibuja el número de ◯ que corresponda a cada numeral. Recuerda llenar primero el marco de diez.

a.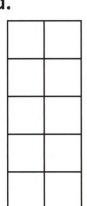
13

b.
18

c.
15

2. Comienza con el número **más grande**. Cuenta hacia delante el número **más pequeño**. Luego escribe el total.

a.
7 + 3 =

b.
5 + 2 =

c.
6 + 1 =

Prepárate para el módulo 3

Escribe el nombre del número que corresponda a cada numeral.

a. 6

b. 8

2.7 Suma: Ampliando la estrategia de contar hacia delante (hasta 20)

Conoce ¿Qué está sucediendo en esta imagen?

| 13 | 14 | 15 | 16 | **17** | 18 | 19 | 20 |

¿En cuál número comenzó el canguro?

¿En cuál número terminó el canguro? ¿Cuántos saltos dio?

¿Qué ecuación de suma escribirías para esta imagen?   ☐ + ☐ = ☐

¿Qué ecuación conmutativa escribirías?   ☐ + ☐ = ☐

Intensifica

1. Cuenta 1 o 2 hacia delante. Escribe la ecuación de suma correspondiente. Luego escribe la ecuación conmutativa.

a.

| 11 | **12** | 13 | 14 | 15 | 16 | 17 | 18 | 19 | 20 |

☐ + ☐ = ☐
☐ + ☐ = ☐

b.

| 11 | 12 | 13 | 14 | 15 | **16** | 17 | 18 | 19 | 20 |

☐ + ☐ = ☐
☐ + ☐ = ☐

c.

| 11 | 12 | 13 | 14 | 15 | 16 | 17 | **18** | 19 | 20 |

☐ + ☐ = ☐
☐ + ☐ = ☐

2. Dibuja saltos como ayuda para contar hacia delante. Luego escribe la ecuación de suma correspondiente y su ecuación conmutativa.

a. Cuenta **2** hacia delante.

b. Cuenta **1** hacia delante.

c. Cuenta **2** hacia delante.

d. Cuenta **1** hacia delante.

Avanza Dibuja los saltos que correspondan a cada ecuación.

| 1 | 2 | 3 | 4 | 5 | 6 | 7 | 8 | 9 | 10 | 11 | 12 | 13 | 14 | 15 |

3 + 1 = 4   12 + 2 = 14

2.8 Suma: Introduciendo la estrategia de dobles

Conoce Una mano indica un grupo de cinco dedos.

Cuando duplicas cinco obtienes dos grupos de cinco.

¿Qué operación básica de suma escribirías para indicar el número total de dedos?

☐ + ☐ = ☐

¿Qué dobles indican estas imágenes?

¿Qué otros dobles has visto?

Intensifica 1. Escribe números que correspondan a los dobles.

a.
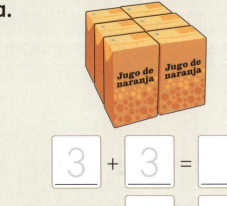

3 + 3 = ☐

doble 3 = ☐

b.
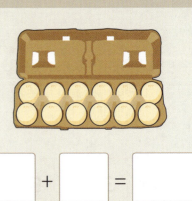

☐ + ☐ = ☐

doble ☐ = ☐

2. Dibuja el mismo número de puntos en la otra ala. Luego escribe los números.

a.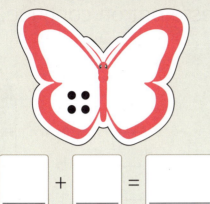

☐ + ☐ = ☐

doble ☐ = ☐

b.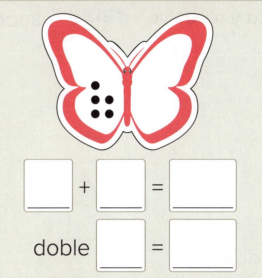

☐ + ☐ = ☐

doble ☐ = ☐

c.

☐ + ☐ = ☐

doble ☐ = ☐

d.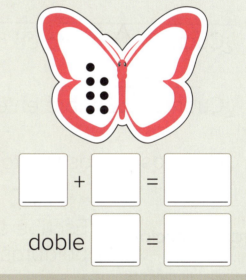

☐ + ☐ = ☐

doble ☐ = ☐

Avanza

Dibuja puntos para indicar doble 8. Luego escribe las operaciones básicas correspondientes.

☐ + ☐ = ☐

doble ☐ = ☐

2.8 Reforzando conceptos y destrezas

Piensa y resuelve Imagina que este patrón continúa.

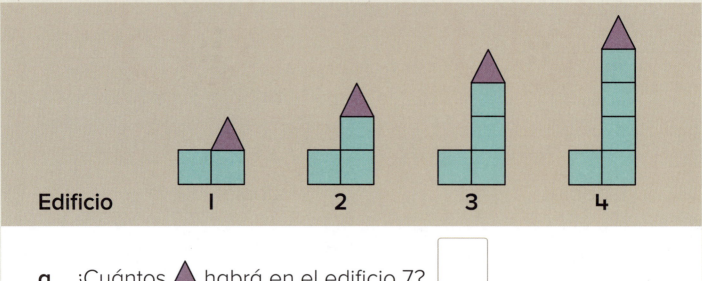

a. ¿Cuántos ▲ habrá en el edificio 7? ☐

b. ¿Cuántos ■ habrá en el edificio 7? ☐

c. ¿Cuántas figuras in total habrá en el edificio 10? ☐

Palabras en acción Escribe acerca de **sumar 5 y 2**. Puedes utilizar palabras de la lista como ayuda.

sumar   igual   hacer   equilibra   contar hacia delante   total   y

_____
_____
_____
_____
_____

Práctica continua

1. Encierra el objeto que ha sido clasificado en el grupo equivocado.

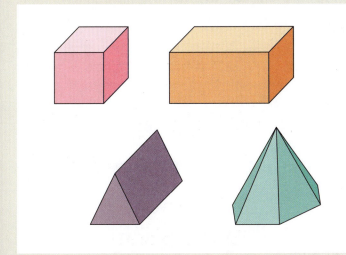
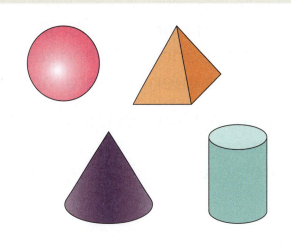

2. Cuenta 1 o 2 hacia delante. Luego escribe la operación básica de suma correspondiente y su operación conmutativa básica.

Prepárate para el módulo 3

Dibuja el número de ◯ que corresponda a cada numeral. Recuerda llenar primero el marco de diez.

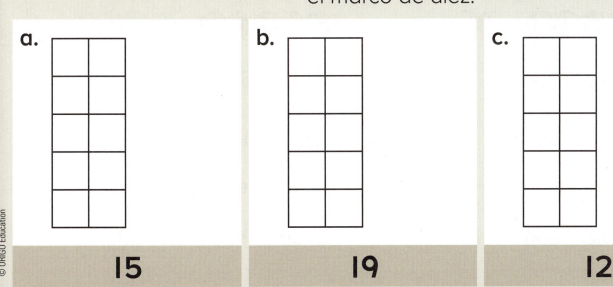

a. 15   b. 19   c. 12

2.9 Suma: Reforzando la estrategia de dobles

Conoce

Se enhebraron algunas cuentas en dos trozos de cuerda.

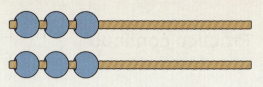

Completa la operación básica de dobles que corresponda a la imagen.
Dibuja más cuentas para indicar doble 5.

☐ + ☐ = ☐

¿Qué operación básica de dobles indica esta imagen?
¿Cómo podrías calcular el total?

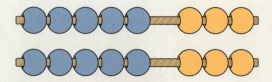

No sé el doble de 8, pero sí sé que el doble de 5 es 10, y que el doble de 3 es 6.

Doble 5 son ☐

Doble 3 son ☐

entonces

Doble 8 son ☐

¿Qué otro doble podrías calcular de la misma manera?

Intensifica

1. Utiliza la misma estrategia para calcular estos dobles.

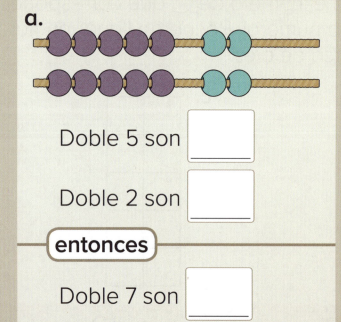

a.
Doble 5 son ☐
Doble 2 son ☐
entonces
Doble 7 son ☐

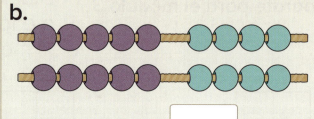

b.
Doble 5 son ☐
Doble 4 son ☐
entonces
Doble 9 son ☐

2. Escribe la operación básica de dobles para cada dominó.

a.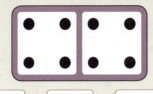

☐ + ☐ = ☐

b.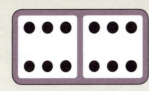

☐ + ☐ = ☐

c.

☐ + ☐ = ☐

d.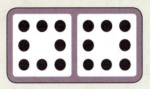

☐ + ☐ = ☐

e.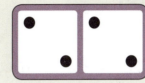

☐ + ☐ = ☐

f.

☐ + ☐ = ☐

3. Completa cada operación básica de dobles. Dibuja puntos en el dominó como ayuda en tu razonamiento.

a. Doble **8**

☐ + ☐ = ☐

b. Doble **6**

☐ + ☐ = ☐

c. Doble **7**

☐ + ☐ = ☐

Avanza   Escribe la operación básica de dobles que corresponda a cada total.

a. ☐ + ☐ = 10

b. 18 = ☐ + ☐

c. ☐ + ☐ = 16

d. 4 = ☐ + ☐

e. ☐ + ☐ = 2

f. 12 = ☐ + ☐

2.10 Hora: Introduciendo la hora (analógica)

Conoce A este tipo de reloj se le llama reloj analógico.
¿En dónde verías un reloj analógico?

¿Qué números ves en este reloj?
¿Qué crees que indican los números?

¿Cuál manecilla indica la **hora**?

 La manecilla corta es la manecilla horario. Ésta indica las horas que trascurren y su nombre.

La manecilla larga es el **minutero** porque indica los minutos.

Cuando el minutero apunta al 12 es el **inicio** de otra hora.

Esta hora es una **hora exacta** por lo que es una hora **en punto**.

¿Qué hora está indicando el reloj? ¿Cómo lo sabes?

Intensifica 1. Escribe cada hora.

a.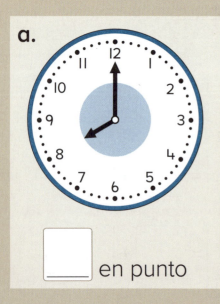
____ en punto

b.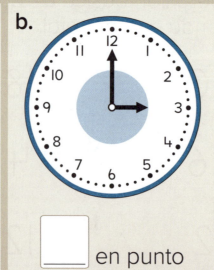
____ en punto

c.
____ en punto

2. El **minutero** es la manecilla **larga**. Dibuja el minutero en cada reloj para indicar la hora en punto. Luego escribe la hora.

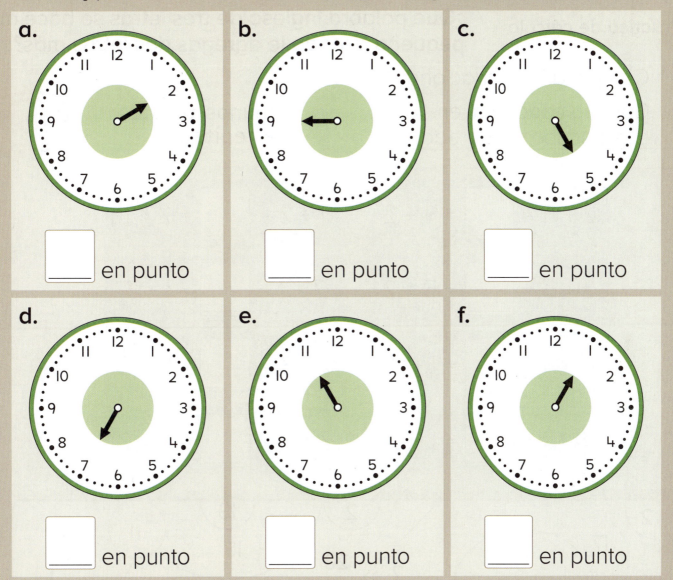

Avanza   Encierra los relojes que indican una hora en punto.

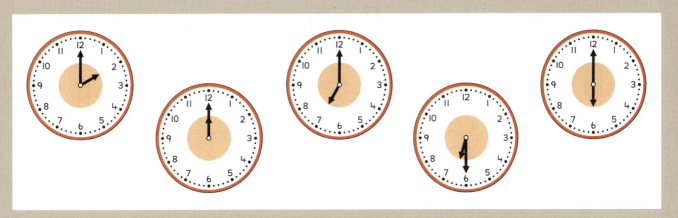

2.10 Reforzando conceptos y destrezas

Práctica de cálculo

¿Qué palabra inglesa de tres letras se hace más pequeña cuando le agregas dos letras más?

★ Completa las ecuaciones.

★ Colorea cada total en el ropecabezas de abajo.

Algunos totales se repiten.

$2 + 4 = \boxed{} = 4 + 2$

$1 + 2 = \boxed{} = 2 + 1$

$2 + 5 = \boxed{} = 5 + 2$

$7 + 1 = \boxed{} = 1 + 7$

$3 + 1 = \boxed{} = 1 + 3$

$2 + 8 = \boxed{} = 8 + 2$

$8 + 1 = \boxed{} = 1 + 8$

$2 + 3 = \boxed{} = 3 + 2$

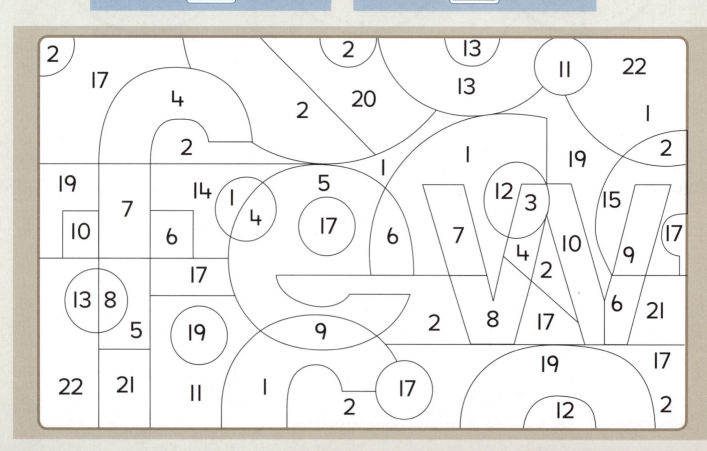

Práctica continua

1. Observa la gráfica. Responde las preguntas.

   ¿Te gustan las uvas?

   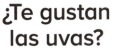

   Sí   No

   a. ¿A cuántas personas les gustan las uvas? ____

   b. ¿A cuántas personas no les gustan las uvas? ____

   c. ¿Cuántas personas más votaron sí? ____

   d. ¿Cuántas personas votaron en total? ____

2. Dibuja el mismo número de puntos en la otra mitad del dominó. Luego completa la ecuación correspondiente.

   a.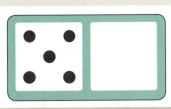
   ☐ + ☐ = ☐
   doble ☐ = ☐

   b.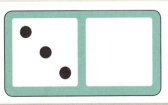
   ☐ + ☐ = ☐
   doble ☐ = ☐

Prepárate para el módulo 3

¿Qué número soy? Utiliza la cinta numerada como ayuda en tu razonamiento.

| 1 | 2 | 3 | 4 | 5 | 6 | 7 | 8 | 9 | 10 | 11 | 12 | 13 | 14 | 15 | 16 | 17 | 18 | 19 | 20 |

a. Mi número tiene 1 decena y 5 unidades.

b. Mi número es 3 menos que 7.

2.11 Hora: Reforzando la hora (analógica)

Conoce Observa estos relojes analógicos.

  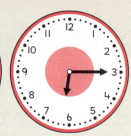

¿Qué relojes indican una hora en punto?

¿Cómo lo sabes?

¿Qué hora indica este reloj?

¿Cómo lo sabes?

Intensifica 1. Lee la hora. Dibuja una ⌣ en el reloj si indica la misma hora. Dibuja una ⌢ en el reloj si indica una hora diferente.

a. 3 en punto

b. 7 en punto

c. 5 en punto

d. 2 en punto

e. 6 en punto

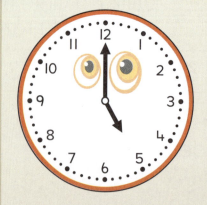

f. 10 en punto

2. Dibuja manecillas en los relojes para indicar la hora.

a. 9 en punto

b. 5 en punto

c. 1 en punto

d. 11 en punto

e. 6 en punto

f. 4 en punto

Avanza Copia las palabras de la lista para indicar lo que estarías haciendo en cada una de estas horas de la mañana.

| durmiendo | en la escuela | desayunando | mirando televisión |

A las 2 en punto de la mañana estoy _____

A las 7 en punto de la mañana estoy _____

A las 10 en punto de la mañana estoy _____

2.12 Hora: Leyendo la hora en punto (digital)

Conoce Este tipo de reloj se llama reloj digital. ¿En qué se diferencia este reloj de un reloj analógico?

¿Qué indica el número que está a la izquierda de los dos puntos?
¿Qué indican los números que están a la derecha?

¿Qué sabes acerca de la hora en este reloj?
¿Qué hora está indicando el reloj?

Intensifica

1. Traza una línea para unir cada reloj digital y cada reloj analógico a la etiqueta correspondiente.

8 en punto   1 en punto   3 en punto   5 en punto

2. Escribe cada hora en el reloj digital.

a.

b.

c.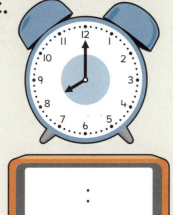

d.

e.

f.

Avanza Observa cada reloj analógico. Escribe la hora que es **una hora antes** y **una hora después**.

a. una hora antes  una hora después

b. una hora antes  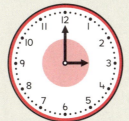 una hora después

2.12 Reforzando conceptos y destrezas

Piensa y resuelve Las formas iguales pesan lo mismo. Escribe el valor que falta dentro de cada forma.

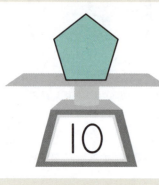 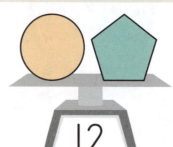 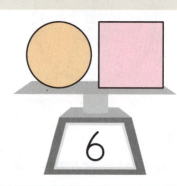

Palabras en acción

a. Escribe acerca de algún **doble** que hayas visto en tu casa.

_____
_____
_____
_____
_____

b. Dibuja una imagen de tu **doble**.

Práctica continua

1. Esta tabla indica el número de uvas que los estudiantes pueden tomar con una mano.

Estudiante	
Athena	𝍷𝍷𝍷𝍷𝍷 𝍷𝍷𝍷𝍷𝍷
Riku	𝍷𝍷𝍷𝍷𝍷 𝍷𝍷𝍷
Alicia	𝍷𝍷𝍷𝍷𝍷 𝍷𝍷𝍷𝍷

Dibuja ⬭ en la gráfica para indicar los datos.

Número de uvas podemos tomar con una mano

⬭ significa 1 uva

Estudiante											
Athena											
Riku											
Alicia											

2. Escribe cada hora.

a.
___ en punto

b.
___ en punto

c.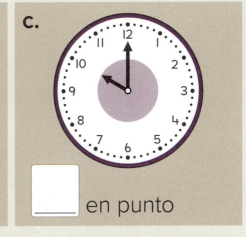
___ en punto

Prepárate para el módulo 3

Colorea las imágenes de azul si son **más corta** que la cuerda. Colorea las imágenes de amarillo si son **más larga** que la cuerda.

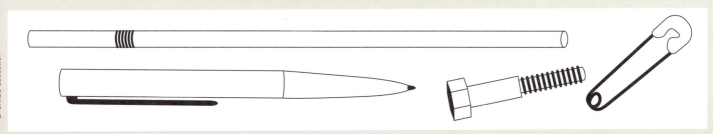

Espacio de trabajo

3.1 Número: Dando nombre a grupos de diez

Conoce Observa los nombres de estos números.

> dieciséis   dieciocho   diecisiete

¿Qué indica la parte *dieci* del nombre?

Observa los nombres de estos números.
¿Qué significa la parte **enta**?

> sesenta   ochenta   setenta

Observa estos pares de nombres de números.
¿Qué notas?

| cuatro | y | cuarenta | | seis | y | sesenta |
| cinco | y | cincuenta | | tres | y | treinta |

Intensifica

1. Cuenta de diez en diez. Escribe los nombres de los números que faltan.

a. diez | veinte | _____ | cuarenta

b. treinta | _____ | cincuenta | sesenta

c. cuarenta | cincuenta | _____ | setenta

d. sesenta | _____ | _____ | noventa

2. Encierra cada grupo de diez. Escribe el número de decenas. Luego escribe el nombre del número.

a. ___ decenas _____

b. ___ decenas _____

c. ___ decenas _____

d. ___ decenas _____

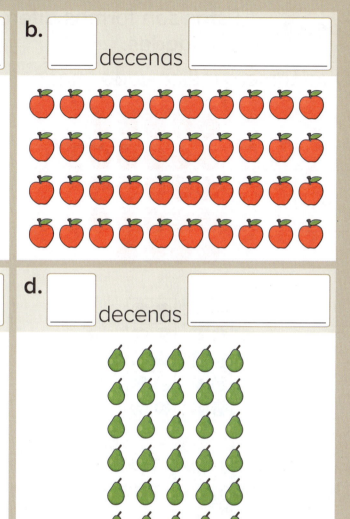

Avanza — Todos estos nombres de números se han escrito incorrectamente. Escríbelos correctamente para que correspondan a los nombres de la página 82.

a. nueventa _____

b. cuatrenta _____

c. cincoenta _____

d. tresenta _____

3.2 Número: Escribiendo decenas y unidades (sin ceros)

Conoce

Estas son formas diferentes de indicar decenas y unidades.

¿Qué número indica cada imagen? ¿Cómo lo sabes?

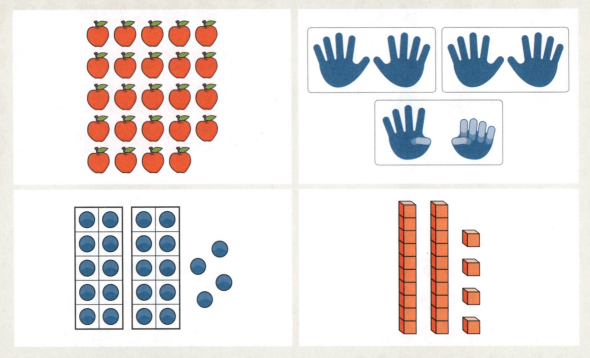

¿Dónde están los grupos de diez en cada imagen?
¿Dónde están las unidades que sobran?

¿Cómo escribirías el número de decenas y unidades en este expansor para indicar el mismo número?

Intensifica

1. Escribe el número correspondiente de decenas y unidades en el expansor.

a.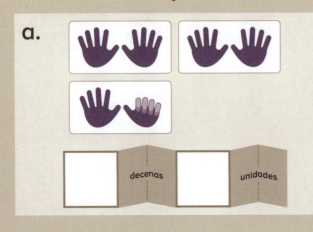

b.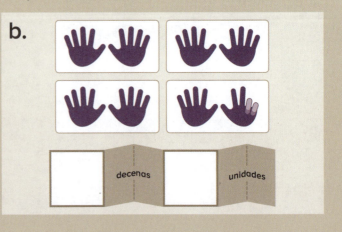

2. Escribe el número correspondiente de decenas y unidades.

a.

b.

c.

d.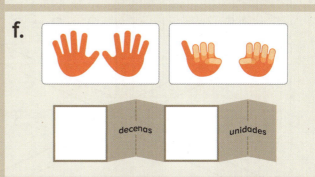

e.

f.

Avanza — Escribe el número de decenas y unidades en el expansor.

a. seis decenas y siete unidades

b. nueve unidades y tres decenas

3.2 Reforzando conceptos y destrezas

Práctica de cálculo

★ Calcula cuáles ecuaciones son verdaderas.
★ Colorea estos triángulos para que la tortuga pueda ver su camino casa.

¡Ayúdame a encontrar el camino a casa!

- $5 + 1 = 4$
- $3 + 2 = 5$
- $5 - 4 = 3$
- $5 - 0 = 0$
- $5 - 1 = 4$
- $3 - 2 = 0$
- $1 + 1 = 1$
- $2 + 2 = 4$
- $2 + 3 = 4$
- $5 - 1 = 3$
- $4 - 3 = 1$
- $1 + 4 = 5$
- $4 + 3 = 6$
- $6 - 5 = 4$
- $5 + 1 = 6$
- $5 - 3 = 2$

CASA

Práctica continua

1. Comienza en 5 y cuenta hacia delante. Escribe el total.

a.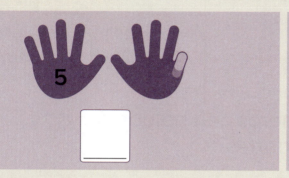
5

b.
5

2. Cuenta de diez en diez. Escribe los nombres de los números que faltan.

a. | veinte | treinta | | cincuenta |

b. | sesenta | setenta | ochenta | |

Prepárate para el módulo 4

Tacha el número que se indica. Luego completa la ecuación.

a. 7 pelotas

7 menos 1 = ___

b. 6 pelotas

___ resta 2 = ___

3.3 Número: Escribiendo decenas, unidades y nombres de números (sin ceros)

Conoce Lee el número en cada expansor.

¿Qué notas?

¿Cuándo dices las cuatro unidades de cada número?

Piensa cómo escribirías estos números con palabras. ¿Cuándo escribirías las cuatro unidades?

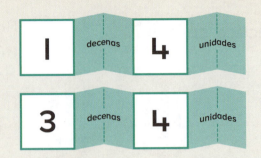

Intensifica

1. Observa el número de contadores dentro y fuera de los marcos de diez. Escribe el número correspondiente en el expansor. Luego completa el nombre del número.

a.
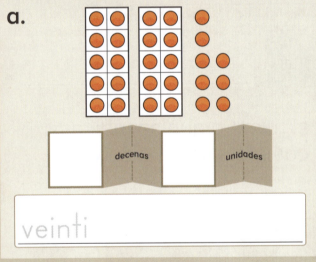
veinti

b.
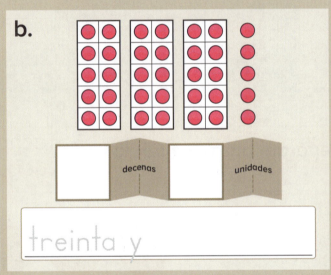
treinta y

c.
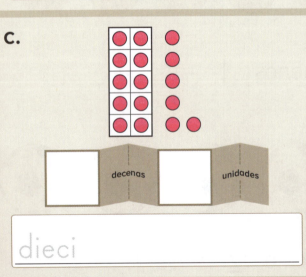
dieci

d.
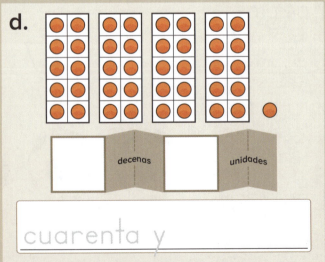
cuarenta y

2. Escribe el número correspondiente en el expansor. Luego escribe el nombre del número.

a.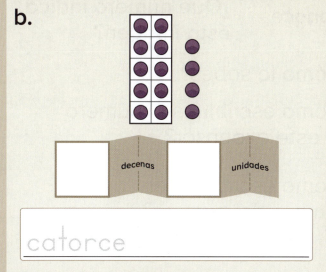

treinta y

b.

catorce

c.

veinti

d.

dieci

Avanza Lee el nombre del número. Escribe el número correspondiente en el expansor.

a. diecisiete

b. sesenta y tres

c. doce

d. noventa y dos

e. setenta y dos

f. cincuenta y siete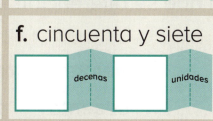

Número: Escribiendo decenas y unidades, y nombres de números (con ceros)

Conoce ¿Qué número indica esta imagen?

¿Cómo lo sabes?

¿Cómo escribirías el número en este expansor?

¿Cómo escribirías el nombre del número?

¿Qué número indica esta imagen?

¿Cómo lo sabes?

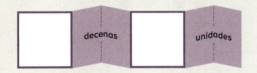

¿Cómo escribirías el número en este expansor?

¿Cómo escribirías el nombre del número?

Observa estos nombres de números.

¿Cuántas decenas hay en estos números? ¿Cómo lo sabes?

| diez | once | doce | trece | catorce | quince |
| dieciséis | diecisiete | dieciocho | decinueve |

¿En qué se diferencian estos números?

| veinte | treinta | cuarenta | cincuenta |
| sesenta | setenta | ochenta | noventa |

Intensifica Escribe el número de decenas y unidades en el expansor. Luego escribe el nombre del número.

a.

[ ] decenas [ ] unidades _____

b.

[ ] decenas [ ] unidades _____

c.

[ ] decenas [ ] unidades _____

d.

[ ] decenas [ ] unidades _____

Avanza Observa el número de decenas y unidades. Escribe el número correspondiente en el expansor.

a. una decena y cuatro unidades   [ ] decenas [ ] unidades

b. ocho decenas y seis unidades   [ ] decenas [ ] unidades

ORIGO Stepping Stones • 1.er grado • 3.4

3.4 Reforzando conceptos y destrezas

Piensa y resuelve Las figuras iguales pesan lo mismo.

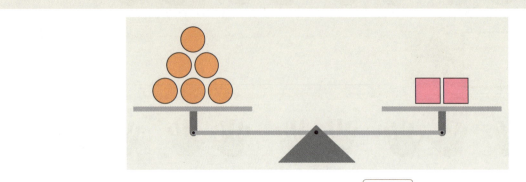

a. ¿Cuántos ● equilibran un ■ ? ▭

b. ¿Cuántos ● equilibran cuatro ■ ? ▭

Palabras en acción Escoge palabras de la lista para completar cada enunciado de abajo. Utiliza cada palabra solo una vez.

unidades
sesenta
una
decenas
dieciséis
siete
cincuenta

a. ▭ tiene una decena y seis unidades.

b. Treinta tiene tres ▭ y cero unidades.

c. Diecisiete tiene ▭ unidades y ▭ decena.

d. Doce y treinta y dos tienen dos ▭.

e. Cuando comienzas en 10 y cuentas de diez en diez, el ▭ va después del ▭.

Práctica continua

1. Calcula el total. Escribe la operación básica de suma.

a.

☐ + ☐ = ☐

b.

☐ + ☐ = ☐

2. Escribe el número en el expansor. Luego completa el nombre del número.

a.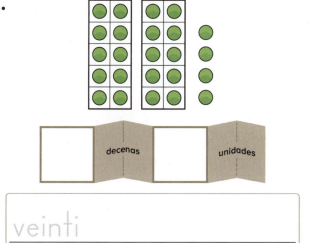

veinti_____

b.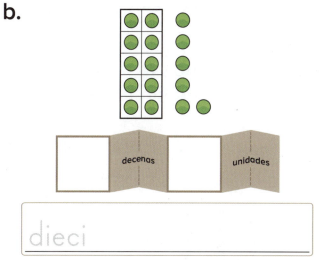

dieci_____

Prepárate para el módulo 4

Completa cada ecuación de manera que correspondan a la imagen.

a.

☐ menos ☐ = ☐

b.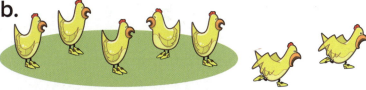

☐ resta ☐ = ☐

3.5 Número: Escribiendo decenas y unidades, y numerales de dos dígitos

Conoce

Observa esta imagen de bloques.

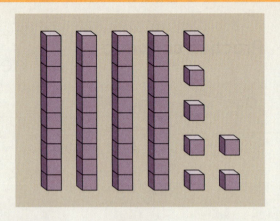

¿Cuántas bloques de decenas hay?

¿Cuántos bloques de unidades hay?

¿Qué número indica?

¿Cómo escribirías el número en este expansor abierto?

¿Cómo escribirías el mismo número en estos expansores?

¿Cómo escribirías el numeral correspondiente sin el expansor?

Intensifica

1. Escribe el número correspondiente de decenas y unidades en los expansores abiertos y cerrados.

a.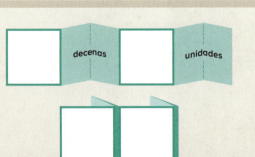

b.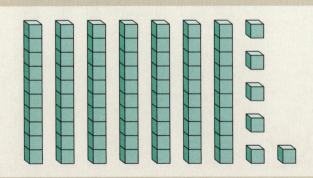

2. Escribe el número de decenas y unidades en el expansor abierto. Luego escribe el número correspondiente.

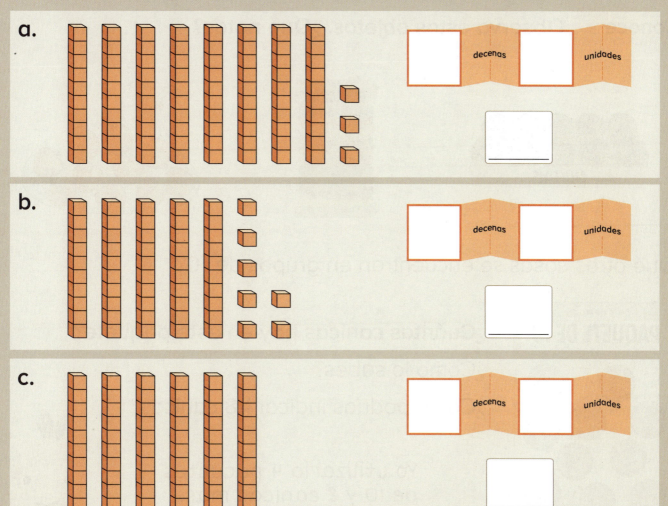

| **Avanza** | Escribe el nombre de cada número. |

a. 94	
b. 12	
c. 36	

3.6 Número: Trabajando con grupos de diez

Conoce Observa estos objetos. ¿Qué notas?

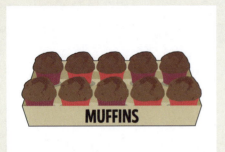

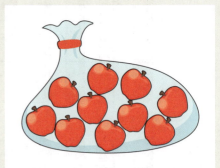

¿Qué otras cosas se encuentran en grupos de 10?

¿Cuántas canicas hay en este paquete?

¿Cómo lo sabes?

¿Cómo podrías indicar 48 canicas?

Yo utilizaría 4 paquetes de 10 y 8 canicas más.

Intensifica

1. Dibuja paquetes de 10 y algunas canicas más para representar el número en cada expansor.

a. 2 4

b.  4 1

2. Dibuja paquetes de 10 y algunas canicas más para representar el numeral. Luego escribe el nombre del número.

a. 21

b. 37

c. 12

Avanza

La profesora de Franco va a hacer un gafete de identificación para cada estudiante en la clase. Hay 25 estudiantes en la clase. Los gafetes se venden en paquetes de 10.

¿Cuántos paquetes de gafetes necesitará comprar la profesora? Dibuja imágenes para indicar la respuesta.

3.6 Reforzando conceptos y destrezas

Práctica de cálculo   ¿Por qué los tigres comen carne cruda?

★ Completa las ecuaciones.
★ Escribe la letra arriba del total correspondiente en la parte inferior de la página. Algunas letras se repiten.

9 + 1 = ☐ e   1 + 13 = ☐ r

2 + 13 = ☐ q   1 + 4 = ☐ a

1 + 7 = ☐ n   2 + 1 = ☐ u

3 + 1 = ☐ d   10 + 2 = ☐ p

19 + 1 = ☐ i   6 + 1 = ☐ c

8 + 1 = ☐ o

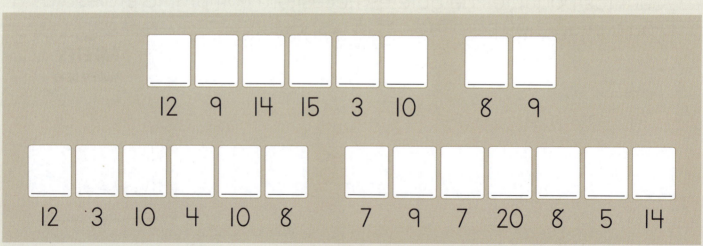

12 9 14 15 3 10   8 9

12 3 10 4 10 8   7 9 7 20 8 5 14

Práctica continua

1. Completa la operación básica de suma y su operación conmutativa básica.

a.

$3 + 2 = \square$

$2 + \square = \square$

b.

$1 + 5 = \square$

$\square + \square = \square$

c.

$4 + 2 = \square$

$\square + \square = \square$

2. Escribe el número correspondiente de decenas y unidades en el expansor. Luego escribe el nombre del número.

a.

☐ decenas ☐ unidades

b.

☐ decenas ☐ unidades

Prepárate para el módulo 4

Escribe el total. Cubre 1 o 2 puntos. Luego escribe el número que queda.

a.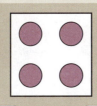

$\square - 2 = \square$

b.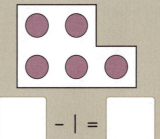

$\square - 1 = \square$

3.7 Número: Trabajando con decenas y unidades (*dimes* y *pennies*)

Conoce Observa estas monedas.

¿Cuántos *pennies* ves?
¿Cuántos centavos hay en un *penny*?

¿Cuántos *dimes* ves?
¿Cuántos centavos hay en un *dime*?

¿Cómo escribirías el número correspondiente de decenas y unidades en este expansor?

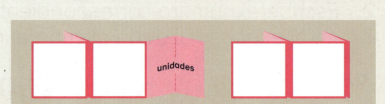

¿Cómo lo sabes?

¿Cómo indicarías la misma cantidad en estos expansores?

¿Qué numeral escribirías?

Intensifica I. Escribe el número de *dimes* y *pennies*.

a.

Hay dimes y pennies.

b.

Hay dimes y pennies.

2. Escribe el número de *dimes* y *pennies*. Luego escribe el numeral correspondiente con y sin el expansor.

a.

Hay ____ *dimes* y ____ *pennies*.

☐ decenas ☐ unidades   ☐

b.

Hay ____ *dime* y ____ *pennies*.

☐ decenas ☐ unidades   ☐

c.

Hay ____ *dimes* y ____ *pennies*.

☐ decenas ☐ unidades   ☐

Avanza Escribe el número total de centavos con palabras.

_____ centavos

3.8 Número: Resolviendo acertijos

Conoce Victoria ordena estos bloques para representar un grupo de pistas. ¿Qué número indica?

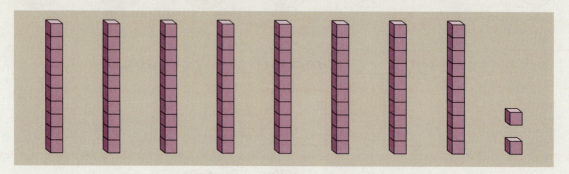

Encierra el grupo de pistas que ella siguió.

| Tengo más bloques de decenas que de unidades. Mi nombre inicia con **veinti**. | Tengo más bloques de unidades que de decenas. Mi nombre inicia con **ochenta**. | Tengo más bloques de decenas que de unidades. Mi nombre inicia con **ochenta**. |

¿Qué otro número se podría indicar que corresponda a las pistas que siguió Victoria?

Intensifica

1. Colorea los bloques de decenas y unidades de manera que correspondan a las pistas. Hay más de una respuesta posible.

Mi nombre inicia con **cincuenta**.

Tengo más bloques de unidades que de decenas.

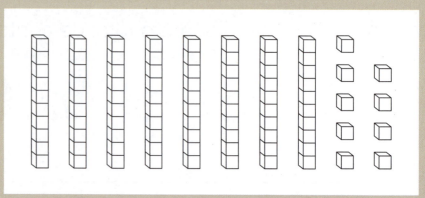

2. Utiliza bloques de decenas y unidades para representar estas pistas. Luego escribe el número correspondiente.

a. Mi número tiene 7 bloques de decenas y 2 de unidades.

b. Mi número tiene 8 bloques de unidades y 2 de decenas.

c. Mi número tiene 6 bloques de unidades y 0 de decenas.

3. Escribe tres numerales diferentes que correspondan a cada grupo de pistas. Puedes utilizar bloques como ayuda.

a. Mi número tiene el mismo número de bloques de decenas que de unidades. Mi número tiene dos dígitos.

b. Mi número tiene más bloques de decenas que de unidades. El nombre de mi número inicia con **cuarenta**.

c. Mi número tiene más bloques de unidades que de decenas. El nombre de mi número inicia con **dieci**.

d. Mi número tiene menos bloques de decenas que de unidades. El nombre de mi número inicia con **veinti**.

Avanza Haz una lista de todos los números que podrías escribir en la pregunta 3a.

3.8 Reforzando conceptos y destrezas

Piensa y resuelve THINK TANK

a. ¿Cuántos puntos hay dentro de esta forma? ☐

b. ¿Cuántos puntos hay en los lados de esta forma? ☐

c. Dibuja una forma que tenga el mismo número de lados y 2 puntos dentro.

Palabras en acción

Escribe algunas pistas que correspondan al número 64. Puedes utilizar palabras de la lista como ayuda.

decenas unidades	mismo número	nombre inicia con	termina con

Práctica continua

1. Escribe dobles que conozcas para calcular los siguientes dobles.

a. **Doble 7**

Doble ☐ son ☐

Doble ☐ son ☐

entonces

Doble ☐ son ☐

b. **Doble 9**

Doble ☐ son ☐

Doble ☐ son ☐

entonces

Doble ☐ son ☐

c. **Doble 8**

Doble ☐ son ☐

Doble ☐ son ☐

entonces

Doble ☐ son ☐

2. Escribe el número de *dimes* y *pennies*. Luego escribe el numeral correspondiente con y sin el expansor.

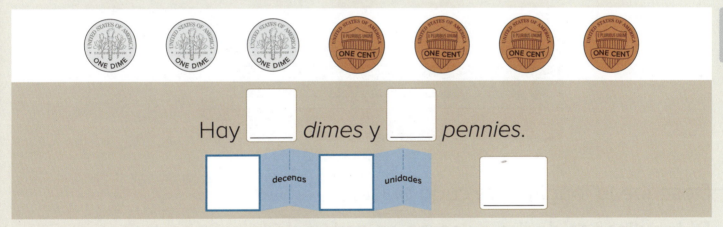

Hay ☐ dimes y ☐ pennies.

☐ decenas ☐ unidades   ☐

Prepárate para el módulo 4

Escribe una ecuación para resolver cada problema.

a. Hay 7 peces en una pecera. 1 pez está escondido. ¿Cuántos peces se pueden ver?

b. Hay 2 caballos y 3 vacas en una granja. ¿Cuántos animales hay en total?

3.9 Longitud: Haciendo comparaciones directas

Conoce Tres amigos hacen pulseras con tiras de papel.

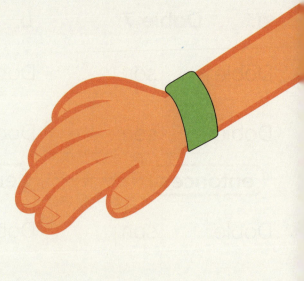

Ellos se las quitan y notan que son de longitudes diferentes.

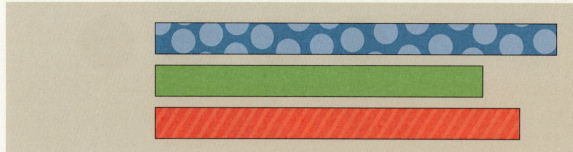

Describe la longitud de cada pulsera.

Di los diseños de las pulseras en orden de la más corta a la más larga.

¿Cuál pulsera pertenece al estudiante con la muñeca más pequeña? ¿Cómo lo sabes?

Intensifica

1. Sigue estas instrucciones.

    a. Con la ayuda de tu profesor, haz 3 pulseras con tiras de papel.
    b. Escribe tu nombre en cada pulsera.

c. Pega tu pulsera y las pulseras de otros dos estudiantes abajo.

2. Escribe los nombres de los estudiantes para hacer estas declaraciones verdaderas.

a. _____ tiene la pulsera más larga.

b. _____ tiene la pulsera más corta.

3. Ordena los nombres de los estudiantes de acuerdo a la longitud de sus pulseras: de **la más corta** a **la más larga**.

Avanza

Observa estas tiras. Colorea el ⬤ al lado de la declaración verdadera.

○ La de rayas es más larga que la de puntos.
○ La de puntos es más corta que la lisa.
○ La de puntos y la lisa son de igual longitud.

3.10 Longitud: Haciendo comparaciones indirectas

Conoce Imagina que estiras cada trozo de cuerda.

¿Cuál trozo de cuerda piensas que sería más largo? ¿Cómo lo sabes?

¿Cómo podrías medir la longitud de cada trozo de cuerda para comprobar tu estimado?

Podría ondular un trozo de cuerda real para medir cada longitud.

Intensifica

1. Utiliza la cuerda para comparar la longitud de cada lápiz. Escribe **L** junto al lápiz más largo de cada par.

a.
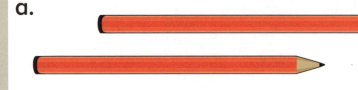

b.

c.

2. Utiliza la cuerda para comparar la longitud de cada lado de cada triángulo. Luego colorea el lado **más largo** de cada triángulo.

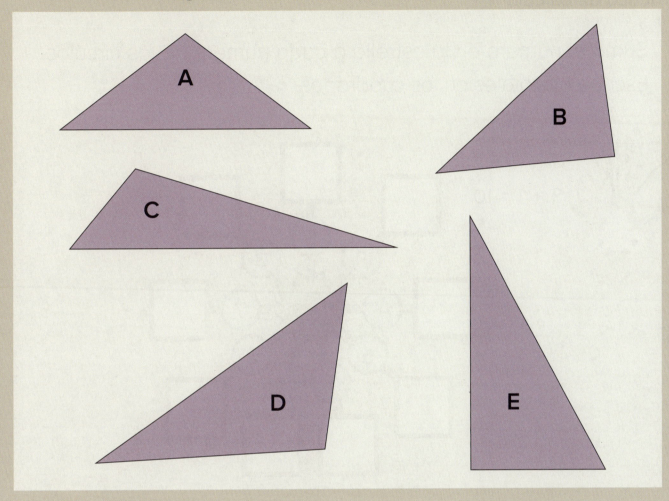

Avanza Encierra el trozo de cuerda más largo.

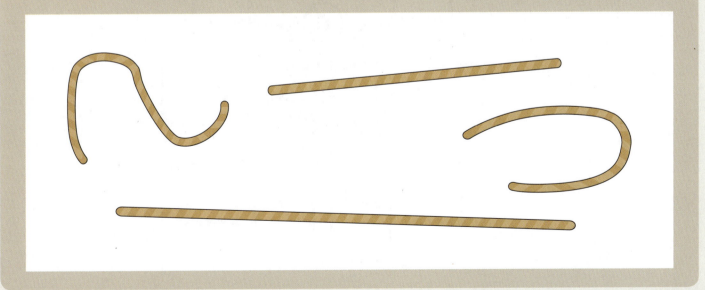

3.10 Reforzando conceptos y destrezas

Práctica de cálculo

★ Suma el número en la estrella a cada número en los círculos.
★ Escribe los totales en los cuadrados.

Práctica continua

1. El **minutero** es la manecilla **larga**. Dibuja el minutero en cada reloj para indicar la hora en punto. Luego escribe la hora.

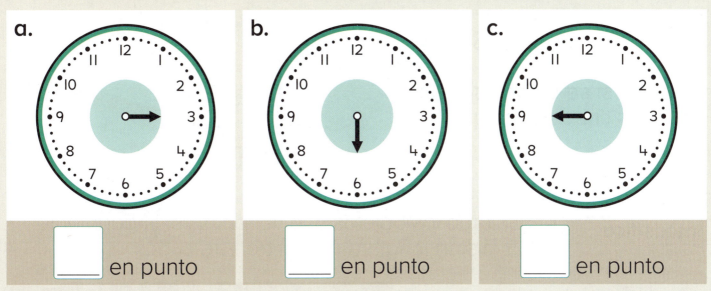

a. ____ en punto   b. ____ en punto   c. ____ en punto

2. Colorea los bloques de decenas y unidades de manera que correspondan a las pistas. Hay más de una respuesta posible.

Mi nombre comienza con **sesenta**.

Tengo más bloques de decenas que de unidades.

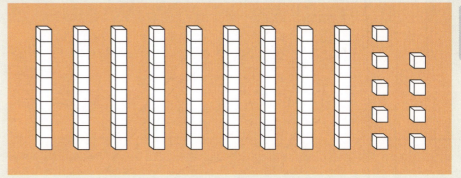

Prepárate para el módulo 4

Cuenta y escribe el número de lados y vértices de cada forma.

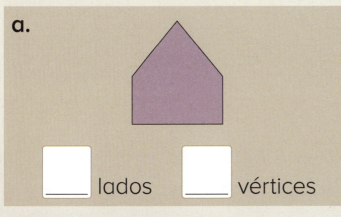

a. ____ lados   ____ vértices

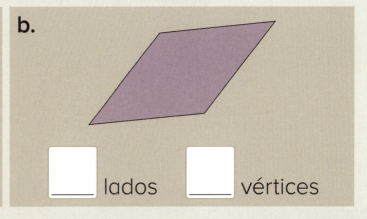

b. ____ lados   ____ vértices

3.11 Longitud: Contando unidades no estándares para medir

Conoce

¿Cómo podrías utilizar los cubos para medir la longitud del lápiz?

¿Importa la manera en que se colocan los cubos? ¿Por qué?

¿Importa si se dejan espacios entre los cubos? ¿Por qué?

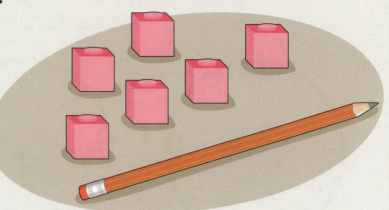

Intensifica

1. Colorea los objetos que tienen aproximadamente la misma longitud que el tren de cubos.

2. Colorea los objetos que tengan aproximadamente la misma longitud que el tren de cubos.

Avanza Haz una lista de otros objetos del salón de clase que midan aproximadamente **5 cubos de largo**.

_____
_____
_____
_____

3.12 Longitud: Midiendo con unidades no estándares

Conoce Se utilizaron hormigas de papel para medir esta pajita.

¿Es esta una medición exacta? ¿Cómo lo sabes?

¿Cómo utilizarías las hormigas de papel para medir la pajita?

> Utilizaría cinta adhesiva para unir mis hormigas de papel en una línea sin espacios y sin pegar una sobre otra.

Jayden utilizó hormigas de papel para medir esta pajita. ¿Qué error cometió?

Intensifica

1. Utiliza tu camino de hormigas de papel para medir cada pajita. Escribe el número de hormigas.

a. ☐ hormigas de largo

b. ☐ hormigas de largo

c. ☐ hormigas de largo

2. Colorea de rojo las pajitas que miden 4 hormigas de largo.
Colorea de azul las pajitas que miden 6 hormigas de largo.
Sobran algunas pajitas.

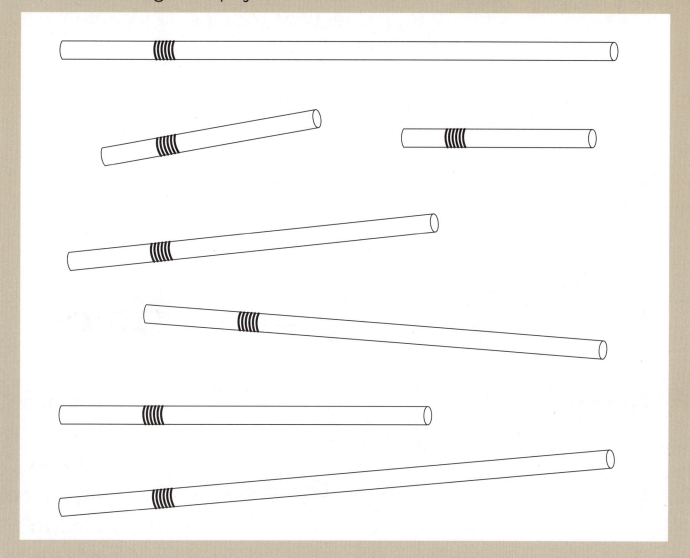

Avanza Colorea la pajita que mide tres hormigas de largo.

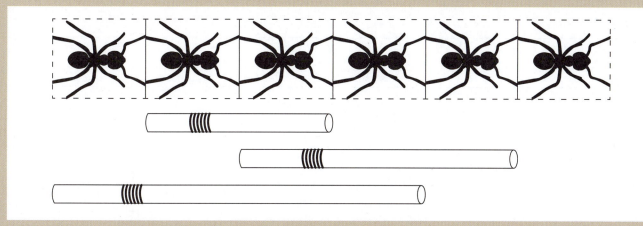

3.12 Reforzando conceptos y destrezas

Piensa y resuelve Joel y Amos tienen 12 autos de juguete en total. Joel tiene 2 autos de juguete más que Amos.

a. ¿Cuántos autos de juguete tiene Joel?

b. ¿Cuántos tiene Amos?

c. ¿Cuántos autos de juguete le podría dar Joel a Amos para que cada uno tenga el mismo número?

Palabras en acción Escribe acerca de la **longitud** de estos lápices. Puedes utilizar palabras de la lista como ayuda.

blanco
azul
largo
más largo
corto
más corto
longitud

Práctica continua

1. Escribe cada hora en el reloj digital.

a.

b.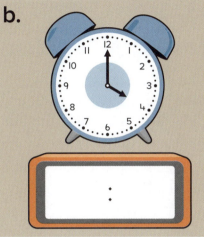

c.

2. Colorea de azul la cinta **más larga**. Colorea de rojo la cinta **más corta**.

Prepárate para el módulo 4   Copia la imagen.

Espacio de trabajo

4.1 Resta: Repasando conceptos (separar)

Conoce

Hay siete peces en la pecera.
Colorea de anaranjado algunos de los peces.

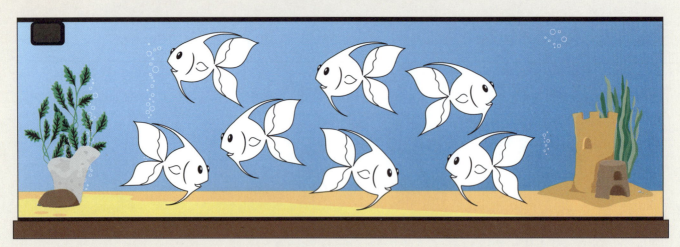

Completa la ecuación para indicar el número de peces que **no** son anaranjados.

☐ − ☐ = ☐

¿Cómo se relaciona cada número de la ecuación con la imagen de la pecera?

¿Cuantas ecuaciones diferentes podrías escribir?

Intensifica

1. Completa cada ecuación.

a.
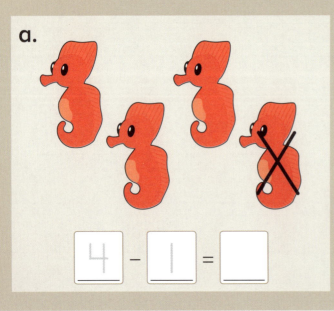

4 − 1 = ☐

b.

5 − 2 = ☐

2. Escribe la ecuación que corresponda a la imagen.

a. 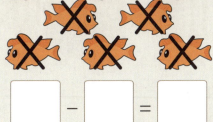   ☐ − ☐ = ☐

b.    ☐ − ☐ = ☐

c.    ☐ − ☐ = ☐

d.    ☐ − ☐ = ☐

e.   ☐ − ☐ = ☐

f.    ☐ − ☐ = ☐

Avanza — Escribe números para completar siete ecuaciones **diferentes**.

$6 - \square = \square$ $6 - \square = \square$ $6 - \square = \square$

$6 - \square = \square$ $6 - \square = \square$

$6 - \square = \square$ $6 - \square = \square$

4.2 Resta: Repasando conceptos (quitar a)

Conoce ¿Qué está sucediendo en esta imagen?

¿Cuál es el número total de gallinas?

¿Cuántas gallinas estan saliendo del corral?

¿Cuántas gallinas quedarán en el corral?

Completa la ecuación que corresponda a la imagen.

☐ − ☐ = ☐

Intensifica

1. Escribe el número total de gallinas. **Tacha** las gallinas que se escaparon. Escribe el número de gallinas que queda.

a.

8 gallinas en total. 3 se escapan Quedan ☐ gallinas.

b.

9 gallinas en total. 2 se escapan Quedan ☐ gallinas.

2. Completa la ecuación que corresponda a la imagen.

a.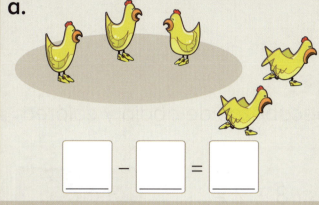

☐ – ☐ = ☐

b.

☐ – ☐ = ☐

c.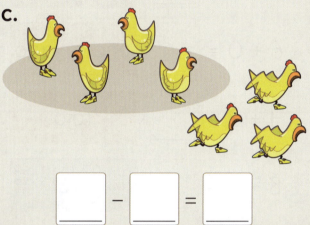

☐ – ☐ = ☐

d.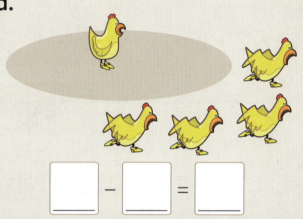

☐ – ☐ = ☐

Avanza

a. Escribe algunos números para indicar una operación básica de resta.

☐ – ☐ = ☐

b. Dibuja una imagen que corresponda a la ecuación.

4.2 Reforzando conceptos y destrezas

Práctica de cálculo

★ Completa las ecuaciones.

★ Encuentra cada total en el rompecabezas de abajo y colorea las partes como se indica.

5 − 4 = ☐	amarillo		3 + 2 = ☐	morado
2 + 2 = ☐	café		6 + 0 = ☐	anaranjado
2 + 1 = ☐	verde		4 + 3 = ☐	rojo
5 − 3 = ☐	celeste		8 + 2 = ☐	azul

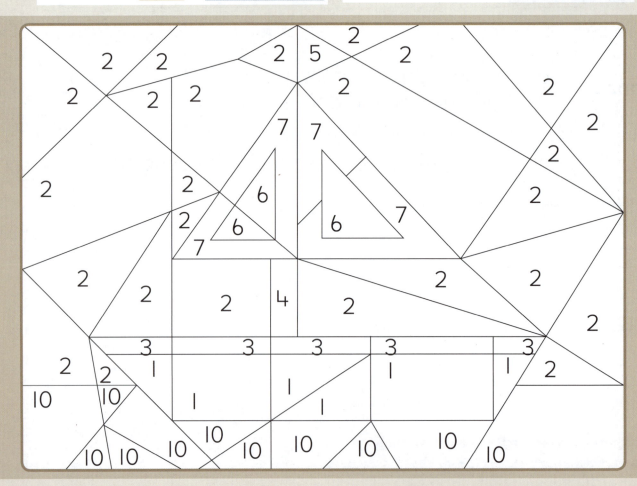

Práctica continua

1. Cuenta de diez en diez. Luego escribe los nombres de los números que faltan.

a. | diez | _____ | treinta | cuarenta |

b. | cuarenta | cincuenta | _____ | setenta |

c. | sesenta | _____ | ochenta | _____ |

2. Completa cada ecuación.

a.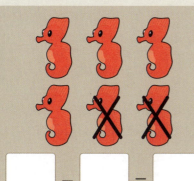

☐ − ☐ = ☐

b.

☐ − ☐ = ☐

Prepárate para el módulo 5 Calcula cada uno de estos dobles.

a. Doble 7	b. Doble 9	c. Doble 8
Doble 5 son ☐	Doble 5 son ☐	Doble 5 son ☐
Doble 2 son ☐	Doble 4 son ☐	Doble 3 son ☐
entonces	entonces	entonces
Doble 7 son ☐	Doble 9 son ☐	Doble 8 son ☐

4.3 Resta: Escribiendo ecuaciones

Conoce ¿Qué está sucediendo en esta imagen?

¿Cuál es el número total de *muffins*?

¿Cuántos *muffins* se llevó Zorrito?

¿Cuántos *muffins* quedan en la bandeja?

Completa esta ecuación de manera que corresponda a la imagen.

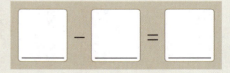

Intensifica

1. Completa la ecuación que corresponda a la imagen.

a.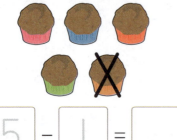

$5 - 1 = \square$

b.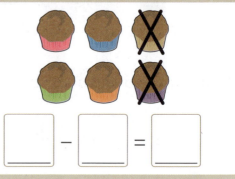

$\square - \square = \square$

c.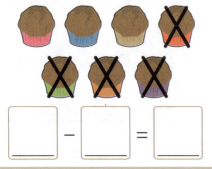

$\square - \square = \square$

d.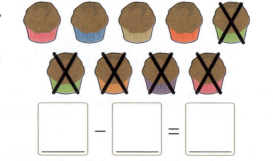

$\square - \square = \square$

2. Tacha algunos de los *muffins*.
Luego escribe la ecuación correspondiente.

a.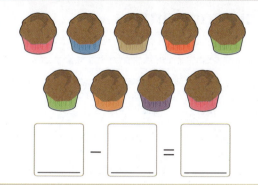

☐ – ☐ = ☐

b.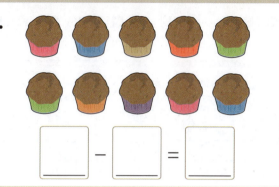

☐ – ☐ = ☐

c.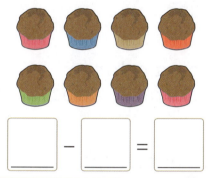

☐ – ☐ = ☐

d.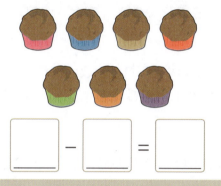

☐ – ☐ = ☐

e.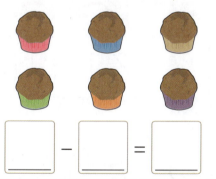

☐ – ☐ = ☐

f.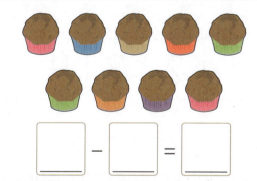

☐ – ☐ = ☐

Avanza Dibuja y tacha *muffins* en la bandeja para representar esta operación básica.   5 – 5 = 0

4.4 Resta: Introduciendo la estrategia de contar hacia atrás

Conoce Hay 10 autos en este estacionamiento.

Si 2 autos se van, ¿cuántos autos quedarán?

Puedo contar hacia atrás desde 10 para calcular la respuesta. Eso es 10, 9, 8, entonces quedarán 8 autos.

Bella indicó su razonamiento en esta cinta numerada.

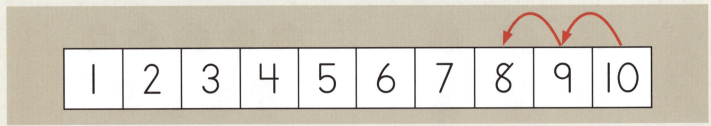

Describe los pasos que ella siguió.

Utiliza la cinta numerada para calcular 5 – 2.

Escribe la ecuación correspondiente.

Intensifica   1. Escribe las respuestas.

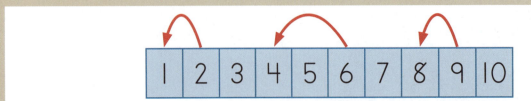

a. 2 – 1 =

b. 6 – 2 =

c. 9 – 1 =

2. Escribe las respuestas. Dibuja saltos en la cinta numerada como ayuda.

| 1 | 2 | 3 | 4 | 5 | 6 | 7 | 8 | 9 | 10 |

a. 5 − 1 = ☐   b. 3 − 2 = ☐   c. 8 − 2 = ☐

| 1 | 2 | 3 | 4 | 5 | 6 | 7 | 8 | 9 | 10 |

d. 4 − 2 = ☐   e. 10 − 1 = ☐   f. 7 − 1 = ☐

| 1 | 2 | 3 | 4 | 5 | 6 | 7 | 8 | 9 | 10 |

g. 3 − 0 = ☐   h. 6 − 1 = ☐   i. 10 − 3 = ☐

Avanza Hay 7 libros en un estante. Bianca toma 2 libros para leer. Callum toma 3 libros. ¿Cuántos libros quedan en el estante?

| 1 | 2 | 3 | 4 | 5 | 6 | 7 | 8 | 9 | 10 |

☐ libros

4.4 Reforzando conceptos y destrezas

Piensa y resuelve

Solo te puedes mover en esta dirección ⟶ o esta ↑.

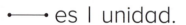 es 1 unidad.

¿Cuántas unidades hay en el camino **más corto** de **A** a **B**? ☐

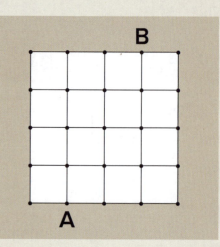

Palabras en acción

a. Escribe una historia de resta. Puedes utilizar palabras de la lista como ayuda.

| resta | hacen | total | cuántos |
| igual | quedan | grupo | |

_____
_____
_____
_____
_____

b. Dibuja una imagen que corresponda a tu historia.

c. Escribe una ecuación que corresponda.

☐ − ☐ = ☐

Práctica continua

1. Escribe el número de decenas y unidades en el expansor.

a.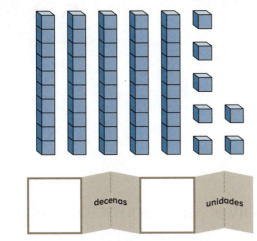

b.

2. Escribe la ecuación que corresponda a cada imagen.

a.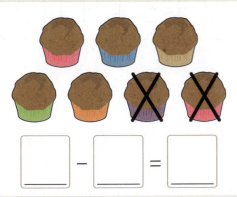

b.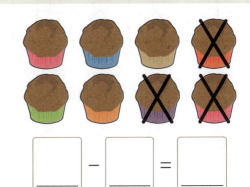

Prepárate para el módulo 5 Calcula cada uno de estos dobles.

a. Doble 9	b. Doble 8	c. Doble 6
Doble 5 son ☐	Doble 5 son ☐	Doble 5 son ☐
Doble 4 son ☐	Doble 3 son ☐	Doble 1 son ☐
entonces	entonces	entonces
Doble 9 son ☐	Doble 8 son ☐	Doble 6 son ☐

4.5 Resta: Reforzando la estrategia de contar hacia atrás

Conoce

Hay 7 bloques en el recipiente. Si se sacan 2 bloques, ¿cuántos bloques quedarán en el recipiente?

Escribe una ecuación para indicar los bloques que quedarán en el recipiente.

Evan utilizó una cinta numerada para resolver una ecuación diferente.

| 1 | 2 | 3 | 4 | 5 | 6 | 7 | 8 | 9 | 10 |

Encierra la ecuación que él resolvió.

$8 - 7 = 1$ $7 + 1 = 8$ $8 - 1 = 7$

¿Cómo decidiste cuál ecuación encerrar?

Intensifica

1. Escribe las respuestas. Dibuja saltos en la cinta numerada como ayuda.

| 1 | 2 | 3 | 4 | 5 | 6 | 7 | 8 | 9 | 10 |

a. $5 - 1 = $ ____

b. $4 - 0 = $ ____

c. $9 - 2 = $ ____

2. Escribe una ecuación para indicar los bloque que quedan en el recipiente.

a. 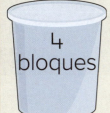 Saca **1**.

$4 - 1 = \boxed{}$

b.  Saca **2**.

$\boxed{} - \boxed{} = \boxed{}$

c.  Saca **2**.

$\boxed{} - \boxed{} = \boxed{}$

d.  Saca **0**.

$\boxed{} - \boxed{} = \boxed{}$

e.  Saca **3**.

$\boxed{} - \boxed{} = \boxed{}$

f.  Saca **2**.

$\boxed{} - \boxed{} = \boxed{}$

3. Escribe las respuestas.

a. $3 - 1 = \boxed{}$

b. $7 - 2 = \boxed{}$

c. $10 - 0 = \boxed{}$

d. $8 - 3 = \boxed{}$

e. $5 - 1 = \boxed{}$

f. $8 - 2 = \boxed{}$

Avanza

Hay 4 pájaros en una cerca.
2 pájaros más se les unen.
Luego uno de los pájaros se va.
¿Cuántos pájaros quedan en la cerca? $\boxed{}$ pájaros

4.6 Resta: Resolviendo problemas verbales

Conoce

Este rompecabezas tiene 10 piezas. Kuma saca 2 piezas. ¿Cuántas piezas quedan en la caja?

Escribe una ecuación para indicar tu razonamiento.

Este rompecabezas cuesta 4 dólares. Anya paga con un billete de 5 dólares. ¿Cuánto dinero deberá recibir de vuelto?

Escribe una ecuación para indicar tu razonamiento.

Intensifica

1. Resuelve cada problema. Dibuja imágenes o escribe ecuaciones para indicar tu razonamiento.

   a. Una caja contiene 8 piezas de rompecabezas. Se sacan 2 piezas de la caja. ¿Cuántas piezas quedan en la caja?

   ____ piezas

   b. Hay 10 piezas de rompecabezas en el piso. 3 piezas son azules. El resto son rojas. ¿Cuántas piezas son rojas?

   ____ piezas

2. Resuelve cada problema. Indica tu razonamiento.

a. Un rompecabezas tiene 8 piezas. 6 piezas tienen al menos un borde recto. ¿Cuántas piezas no tienen ningún borde recto?

☐ piezas

b. Un rompecabezas tiene 8 piezas. Hernando necesita 3 piezas para terminar el rompecabezas. ¿Cuántas piezas ha colocado ya?

☐ piezas

c. Una caja de rompecabezas contiene 8 piezas. Mi hermanito ha perdido algunas piezas. Ahora hay 6 piezas en la caja. ¿Cuántas piezas están perdidas?

☐ piezas

d. Un rompecabezas cuesta 9 dólares. Henry y Anna se reparten los costos. ¿Qué cantidad debería pagar cada uno?

Anna ☐ dólares

Henry ☐ dólares

Avanza

Estas piezas de rompecabezas fueron dejadas en el piso. El resto de las piezas fueron colocadas de vuelta en la caja. ¿Cuántas piezas hay en la caja?

☐ piezas

ROMPECABEZAS
9 PIEZAS

4.6 Reforzando conceptos y destrezas

Práctica de cálculo

Encuentra lo que se esconde en el rompecabezas de abajo.

★ Completa las ecuaciones.
★ Colorea cada total en el rompecabezas de abajo.

$4 + 6 = \boxed{} = 6 + 4$	$5 + 3 = \boxed{} = 3 + 5$	$2 + 4 = \boxed{} = 4 + 2$
$2 + 10 = \boxed{} = 10 + 2$	$6 + 1 = \boxed{} = 1 + 6$	$1 + 3 = \boxed{} = 3 + 1$
$7 + 2 = \boxed{} = 2 + 7$	$10 + 1 = \boxed{} = 1 + 10$	$3 + 2 = \boxed{} = 2 + 3$

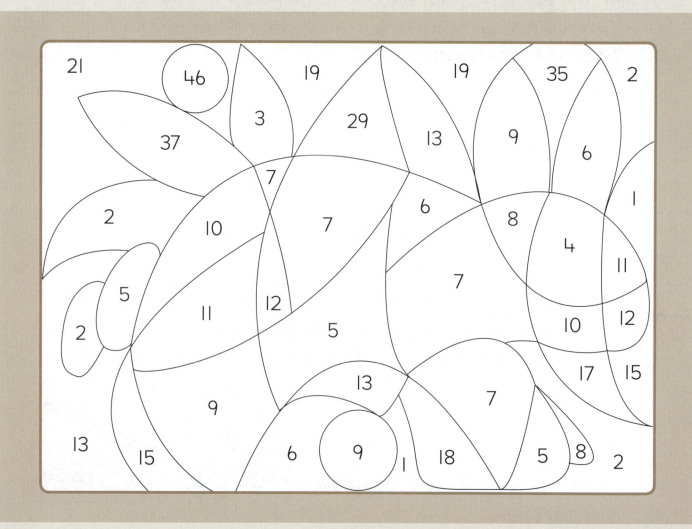

Práctica continua

1. Observa los contadores. Escribe el número correspondiente en el expansor. Luego completa el nombre del número.

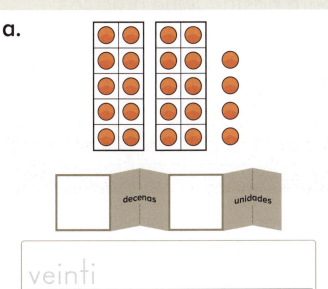

a. veinti

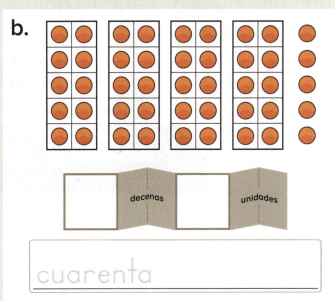

b. cuarenta

2. Escribe las respuestas. Dibuja saltos en la cinta numerada como ayuda.

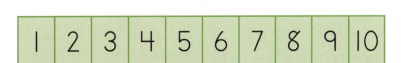

a. 3 − 1 = ☐

b. 5 − 2 = ☐

c. 9 − 2 = ☐

Prepárate para el módulo 5

Escribe la ecuación que corresponda a cada tarjeta.

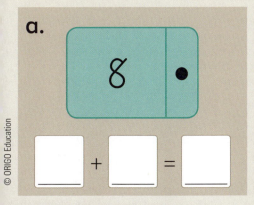

a. ☐ + ☐ = ☐

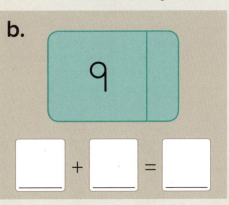

b. ☐ + ☐ = ☐

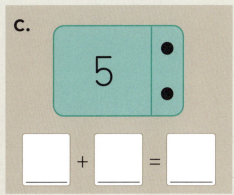

c. ☐ + ☐ = ☐

4.7 Suma/resta: Resolviendo problemas verbales

Conoce Algunos amigos están de compras en una tienda de artículos de pesca.

Cada uno de ellos tiene 10 dólares para gastar. ¿Qué artículos podrían comprar?

5 dólares · 7 dólares · 3 dólares · 4 dólares

Chloe compra un paquete de anzuelos y una botella de bloqueador solar. ¿Qué cantidad gasta?

Ella paga por el bloqueador solar y los anzuelos con un billete de 10 dólares. ¿Cuánto dinero recibe de vuelto?

Marvin gasta exactamente 10 dólares. ¿Qué artículos compró?

Intensifica

1. Utiliza los precios de arriba. Resuelve cada problema. Dibuja imágenes o escribe ecuaciones para indicar tu razonamiento.

a. Eva compra un paquete de anzuelos y una red de pescar. ¿Cuánto gasta?

____ dólares

b. Peter compra 2 botellas de bloqueador solar y un paquete de anzuelos. ¿Cuál es el costo total?

____ dólares

2. Resuelve cada problemas. Indica tu razonamiento.

a. Hay 7 personas pescando en la playa. Brady cuenta 4 niñas. ¿Cuántos niños están pescando?

_____ niños

b. Kyle ha vendido 6 pescados grandes y 6 pequeños. Le quedan 2 pescados más por vender. ¿Cuántos pescados ha vendido?

_____ pescados

c. Lulu atrapa 5 peces. Ella regala algunos peces y le quedan 2 peces. ¿Cuántos peces regaló?

_____ peces

d. Hay 6 cangrejos en una cubeta. Se colocaron algunos cangrejos más para hacer un total de 9 cangrejos. ¿Cuántos cangrejos más se colocaron en la cubeta?

_____ cangrejos

Avanza Encierra dos de estos números. Utiliza tus números para escribir un problema verbal de resta. Luego intercambia libros con otro estudiante y resuelve su problema.

8   0   3   2

4.8 Figuras 2D: Analizando figuras

Conoce ¿Qué palabras utilizarías para describir estos vehículos?

Podríamos utilizar palabras como **grande** y **pequeño**, o **largo** y **corto**. También podríamos describir el color o el número de ruedas.

Observa las figuras 2D de abajo.

¿Qué características de cada figura conoces?

¿Qué palabras puedes utilizar para describirlas?

Intensifica

1. Observa cada figura. Escribe **falso** o **verdadero** para cada descripción.

Figura A 	• Tiene cinco lados. _____ • Todos los lados tienen la misma longitud. _____ • Todos los lados son rectos. _____
Figura B 	• Es un triángulo. _____ • Es una forma cerrada. _____ • Uno de sus lados es curvo. _____
Figura C 	• Tiene cuatro vértices. _____ • Tiene partes rectas. _____ • Es un rectángulo. _____

2. Dibuja dos figuras diferentes que tengan todas las características de abajo.

- Tiene cinco lados.
- Todos los lados son rectos.
- Uno de los ángulos es muy puntiagudo.

Avanza

Escribe una característica verdadera más de las figuras de la pregunta 1.

Figura A _____

Figura B _____

4.8 Reforzando conceptos y destrezas

Piensa y resuelve Imagina que este patrón de figuras continúa.

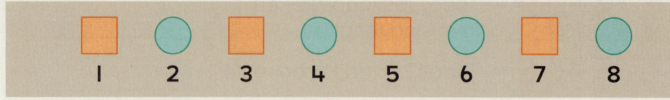

a. ¿Cuántos ☐ habrá en las primeras 20 figuras? ____

b. ¿Cuántos ◯ habrá en las primeras 20 figuras? ____

Palabras en acción Escribe la respuesta para cada pista en la cuadrícula. Utiliza las palabras en inglés de la lista.

Pistas horizontales

2. Un rectángulo no cuadrado tiene cuatro __ rectos.
4. Hay cinco peces, __ un pez, son cuatro peces.
5. Un triángulo tiene __ lados rectos.

Pistas verticales

1. Puedes __ hacia atrás para restar.
2. Un círculo es una __ 2D sin lados rectos.
3. Los lados de un cuadrado son todos de la __ longitud.

three *tres*
same *igual*
count *contar*
take *quitas*
sides *lados*
shape *figura*

Práctica continua

1. Colorea de rojo el lápiz más **largo**.
   Colorea de azul el lápiz más **corto**.

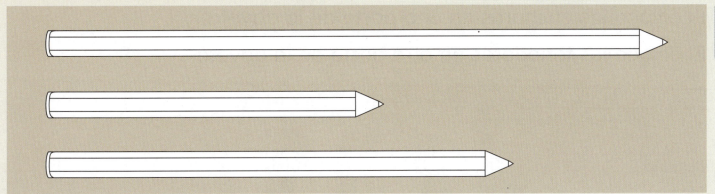

2. Resuelve cada problema. Indica tu razonamiento.

   a. José utiliza 9 bloques para hacer un auto. Brianna solo utiliza 7 bloques. ¿Cuántos bloques más utiliza José?

   ___ bloques

   b. Carol compra una caja de bloques por 8 dólares. Terek compra una caja por 10 dólares. ¿Cuánto menos gasta Carol?

   ___ dólares

Prepárate para el módulo 5

Dibuja ○ en la casilla vacías para hacer la balanza verdadera. Luego completa el enunciado de manera que corresponda.

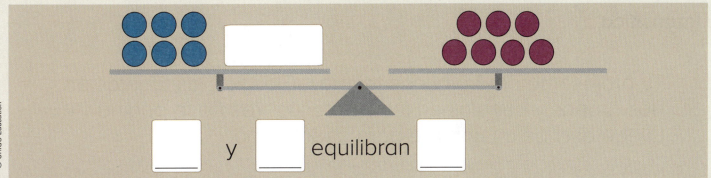

___ y ___ equilibran ___

4.9 Figuras 2D: Clasificando figuras

Conoce Jack clasifica cosas en grupos en su cocina.

Él coloca las cucharas en una parte de la gaveta.

Él coloca los tenedores en otra parte de la gaveta.

¿Qué cosas se clasifican en grupos en tu casa?

Emma clasificó estas figuras 2D en dos grupos. ¿Cómo everiguó dónde pertenecía cada una?

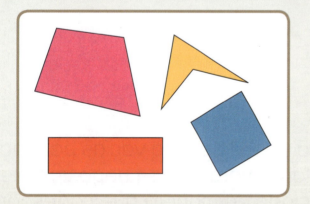 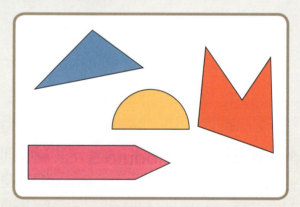

Intensifica

Tu profesor te dará algunas tarjetas. Clasifica las tarjetas en dos grupos y pégalas en los dos recuadros de la página 145. Luego escribe un nombre para cada grupo.

Avanza Encierra dos de estas figuras.

Luego escribe lo que tienen en común.

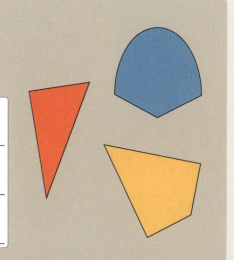

4.10 Figuras 2D: Identificando figuras

Conoce ¿Qué tipo de figura es esta?

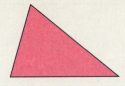

Si le damos vuelta, ¿se convierte en una figura diferente o queda igual?

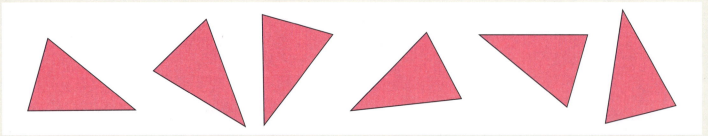

Intensifica

1. Observa las figuras de abajo. Escribe una **T** dentro de cada triángulo. Escribe una **C** dentro de cada cuadrado. Escribe una **N** dentro de cada rectángulo no cuadrado. Algunas figuras no tendrán una letra adentro.

a.   b.   c.

d.   e.   f.

2. Lee la letra dentro de cada figura. Luego utiliza tu regla para dibujar uno o dos lados rectos y completar la figura.

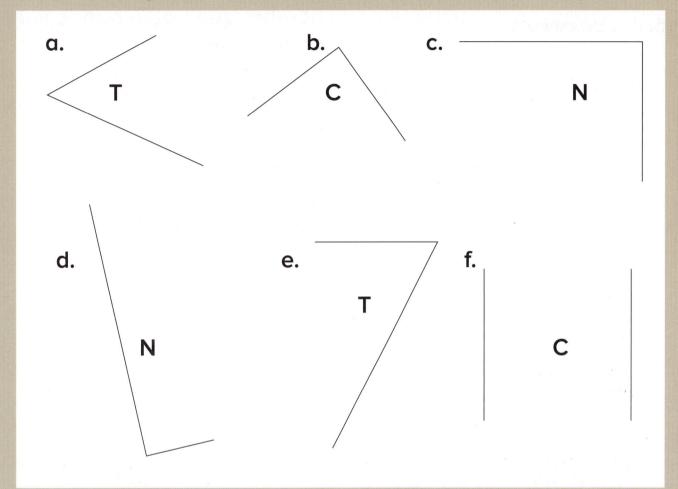

Avanza Dibuja cinco triángulos **diferentes**.

4.10 Reforzando conceptos y destrezas

Práctica de cálculo — ¿Qué tiene el hombre que nadie puede ver y es la causa de su saber?

★ Completa las ecuaciones.

★ Escribe cada letra arriba del total correspondiente en la parte inferior de la página. Agunas letras se repiten.

☐ = 3 + 3   **i**   ☐ = 2 + 9   **a**

☐ = 1 + 1   **l**   ☐ = 1 + 8   **p**

☐ = 2 + 2   **e**   ☐ = 5 + 2   **n**

☐ = 8 + 2   **o**   ☐ = 2 + 1   **m**

☐ = 4 + 4   **s**   ☐ = 3 + 2   **t**

4 2

9 4 7 8 11 3 6 4 7 5 10

Práctica continua

1. Colorea las imágenes que son de la misma longitud que el tren de bloques.

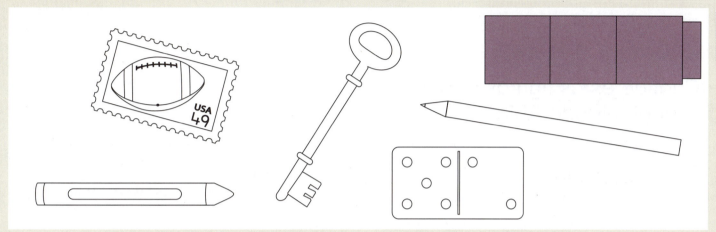

2. Estas figuras han sido clasificadas en dos grupos.
   a. Escribe un título para cada grupo que describa la clasificación.
   b. Dibuja más figuras en cada grupo.

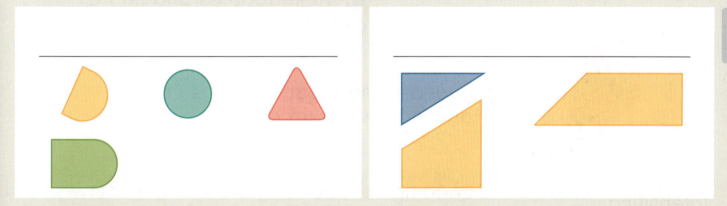

Prepárate para el módulo 5

Escribe el numeral que corresponda a cada grupo de puntos. Luego encierra el grupo que tiene **menos**.

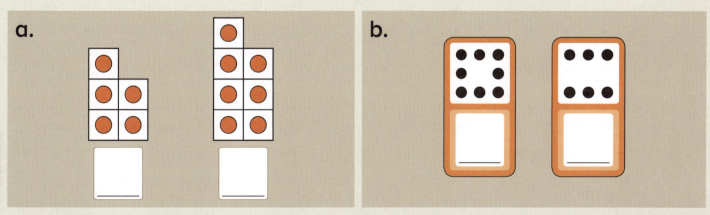

4.11 Figuras 2D: Creando figuras

Conoce

Abigail comienza a dibujar una figura. Esto es lo que dibuja.

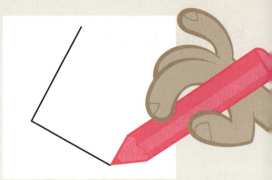

¿Cuál de estas figuras podría estar dibujando Abigail?

- cuadrado
- círculo
- rectángulo no cuadrado
- hexágono
- triángulo

> Un **hexágono** es una figura cerrada con seis lados rectos.

La figura tiene algunos lados rectos, entonces no será un círculo.

Intensifica

1. Traza cada figura. Luego escribe el nombre de la figura.

a.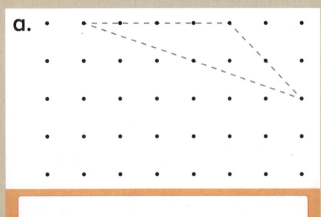

b.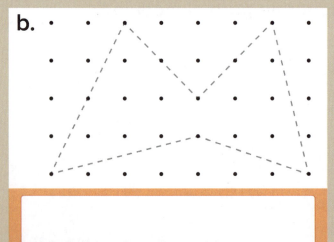

2. Dibuja cada figura.

a. triángulo	b. cuadrado

c. rectángulo no cuadrado	d. hexágono

Avanza Dibuja dos hexágonos diferentes.

4.12 Figuras 2D: Componiendo figuras

Conoce Se creó una figura nueva al trazar alrededor de estos dos bloques de patrón.

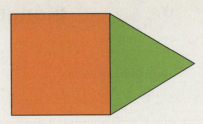

 ¿Cuáles dos figuras observas?

¿Cuántos lados tiene la nueva figura?

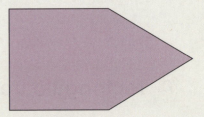

Intensifica

1. Escoge **otros dos** bloques de patrón.

   a. Une los bloques. Luego traza alrededor de ellos en el espacio de abajo.

   b. ¿Cuántos lados tiene tu nueva figura?

2. Escoge **tres** bloques de patrón diferentes.

   a. Únelos. Luego traza alrededor de ellos.

   b. ¿Cuántos lados tiene tu nueva figura?

3. Escoge **tres** bloques de patrón diferentes.

   a. Únelos. Luego traza alrededor de ellos.

   b. ¿Cuántos lados tiene tu nueva figura?

Avanza Cada figura de abajo se hizo con **tres** bloques de patrón. Traza líneas en las figuras para indicar cuáles bloques se utilizaron.

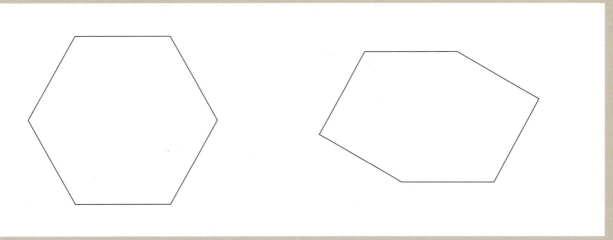

4.12 Reforzando conceptos y destrezas

Piensa y resuelve Las figuras iguales representan el mismo número. Escribe el número que falta para completar la ecuación.

△ + △ = 16   ▢ + △ = 10

▢ + ▢ + △ = ____

Palabras en acción Encierra una de estas figuras 2D. Escribe acerca de tu figura 2D. Utiliza palabras de la lista como ayuda.

círculo
hexágono
triángulo
rectos
curvos
lados

Práctica continua

1. Colorea el crayón que mide 4 hormigas de largo.

2. Escribe **T** dentro de cada triángulo. Escribe **C** dentro de cada cuadrado. Escribe **N** dentro de cada rectángulo no cuadrado.

a.  b. 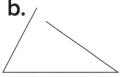 c.   d.

e.  f.  g.   h.

Prepárate para el módulo 5 Colorea el número mayor.

a.

b.

c.

d.

Espacio de trabajo

5.1 Suma: Introduciendo la estrategia de doble más 1

Conoce ¿Qué operación básica de dobles indican estos cubos?

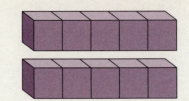

¿Qué ecuación puedes escribir para indicar este doble?

☐ + ☐ = ☐

¿Cómo puedes utilizar esa operación básica de dobles para calcular el número total de estos cubos?

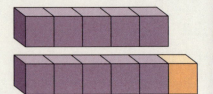

5 más 6 es el mismo valor que doble 5 y 1 más. Entonces 5 + 6 son 11.

¿Qué ecuación puedes escribir que corresponda a esta operación básica?

Intensifica 1. Escribe las respuestas.

a. Doble 4 son ☐

b. Doble 9 son ☐

c. Doble 6 son ☐

d. Doble 5 son ☐

e. Doble 3 son ☐

f. Doble 7 son ☐

g. Doble 10 son ☐

h. Doble 8 son ☐

2. Escribe la operación básica de dobles. Dibuja **un punto más** en un lado. Escribe la operación básica de **doble más 1** y su operación conmutativa.

a.
___ + ___ = ___

___ + ___ = ___

___ + ___ = ___

b.
___ + ___ = ___

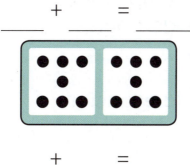

___ + ___ = ___

___ + ___ = ___

c.
___ + ___ = ___

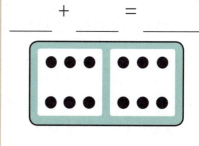

___ + ___ = ___

___ + ___ = ___

d.
___ + ___ = ___

___ + ___ = ___

___ + ___ = ___

e.
___ + ___ = ___

___ + ___ = ___

___ + ___ = ___

f.
___ + ___ = ___

___ + ___ = ___

___ + ___ = ___

Avanza Escribe el doble que podrías utilizar como ayuda para calcular cada respuesta. Luego escribe el total.

a. ☐ + ☐ = ☐
10 + 11 = ☐

b. ☐ + ☐ = ☐
12 + 13 = ☐

5.2 Suma: Reforzando la estrategia de doble más 1

Conoce

Observa esta parte de una cinta numerada.

¿Qué ecuaciones puedes completar que sean operaciones básicas de dobles?

¿Qué números escribirías?

¿Cómo podrías completar la ecuación que no es un doble?

Utilizaría una operación básica de dobles como ayuda.

| 7 |
8	= ☐ + ☐
9	= ☐ + ☐
10	= ☐ + ☐
11

Intensifica

1. Encierra los dominós que indican una operación básica de **doble más 1**.

a.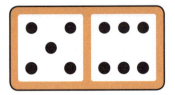

b.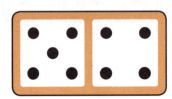

c.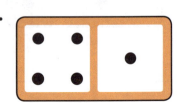

d.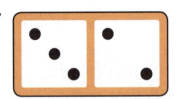

e.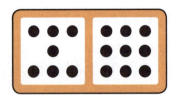

f.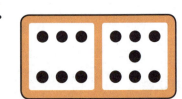

g.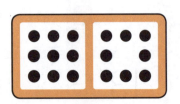

h.

i.

2. Escribe la operación básica de dobles que utilizarías para calcular el número total de puntos en cada dominó. Luego escribe el total de cada operación básica de **doble más 1**.

a.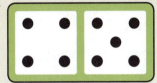

Doble ___ son ___

— entonces —

4 + 5 = ___

b.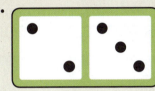

Doble ___ son ___

— entonces —

2 + 3 = ___

c.

Doble ___ son ___

— entonces —

8 + 9 = ___

d.

Doble ___ son ___

— entonces —

3 + 4 = ___

e.

Doble ___ son ___

— entonces —

7 + 6 = ___

f.

Doble ___ son ___

— entonces —

6 + 5 = ___

Avanza Escribe operaciones básicas de contar hacia delante que también sean operaciones básicas de dobles o doble más 1.

_____ _____

_____ _____

5.2 Reforzando conceptos y destrezas

Práctica de cálculo

★ Completa las ecuaciones tan rápido como puedas.

inicio

8 + 2 = ☐   4 + 6 = ☐   1 + 9 = ☐

4 + 1 = ☐   2 + 7 = ☐   5 + 3 = ☐

6 + 8 = ☐   7 + 5 = ☐   2 + 1 = ☐

2 + 9 = ☐   5 + 2 = ☐   2 + 6 = ☐

1 + 5 = ☐   4 + 5 = ☐   1 + 7 = ☐

3 + 4 = ☐   6 + 1 = ☐   2 + 3 = ☐

3 + 1 = ☐   2 + 4 = ☐   meta

Práctica continua

1. Escribe la ecuación que corresponda a cada imagen.

a.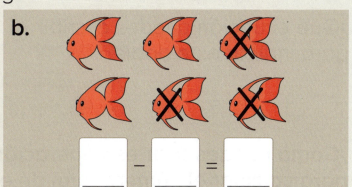

☐ − ☐ = ☐

b.

☐ − ☐ = ☐

2. Escribe la operación básica de dobles. Dibuja **un punto más** en **un lado**. Luego escribe la operación básica de doble más 1 y su operación conmutativa.

a.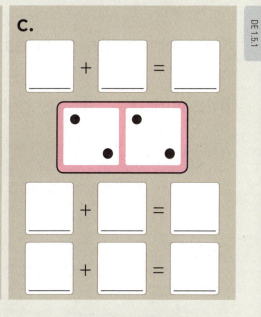

☐ + ☐ = ☐

☐ + ☐ = ☐

☐ + ☐ = ☐

b.

☐ + ☐ = ☐

☐ + ☐ = ☐

☐ + ☐ = ☐

c.

☐ + ☐ = ☐

☐ + ☐ = ☐

☐ + ☐ = ☐

Prepárate para el módulo 6

Escribe la ecuación que corresponda a cada imagen.

a.

☐ − ☐ = ☐

b.

☐ − ☐ = ☐

5.3 Suma: Introduciendo la estrategia de doble más 2

Conoce ¿Qué operación básica de dobles representan estos cubos?

¿Qué ecuación puedes escribir para indicar este doble?

☐ + ☐ = ☐

¿Cómo puedes usar esa operación de dobles para calcular el número total de estos cubos?

5 más 7 es el mismo valor que doble 5 y 2 más. Entonces 5 + 7 son 12.

¿Qué ecuación puedes escribir que corresponda a lo anterior?

Intensifica 1. Escribe las respuestas.

a. Doble 4 son ☐   Doble 4 más 2 son ☐

b. Doble 7 son ☐   Doble 7 más 2 son ☐

c. Doble 5 son ☐   Doble 5 más 2 son ☐

d. Doble 9 son ☐   Doble 9 más 2 son ☐

e. Doble 8 son ☐   Doble 8 más 2 son ☐

2. Escribe la operación básica de dobles. Dibuja **dos puntos más** en un lado. Luego escribe la operación básica de **doble más 2** y su operación conmutativa.

a.

___ + ___ = ___

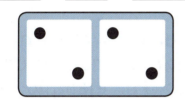

___ + ___ = ___

___ + ___ = ___

b.

___ + ___ = ___

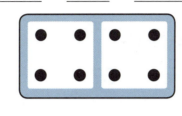

___ + ___ = ___

___ + ___ = ___

c.

___ + ___ = ___

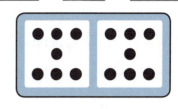

___ + ___ = ___

___ + ___ = ___

d.

___ + ___ = ___

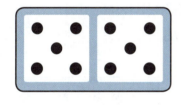

___ + ___ = ___

___ + ___ = ___

e.

___ + ___ = ___

___ + ___ = ___

___ + ___ = ___

f.

___ + ___ = ___

___ + ___ = ___

___ + ___ = ___

Avanza Escribe los números.

a. Si me duplicas y sumas 2, la respuesta es 18.

¿Qué número soy? ____

b. Si me duplicas y sumas 2, la respuesta es 22.

¿Qué número soy? ____

5.4 Suma: Reforzando la estrategia de doble más 2

Conoce Observa estos números.

| 5 | 8 | 14 | 11 | 6 | 15 |

¿Cuál número es igual a doble 4?

¿Cuál número es la suma de 3 y 5?

¿Qué notas?

La **suma** es el total en una operación de suma. Por ejemplo, 12 es la suma de 7 + 5.

¿Cuáles números obtendrás si utilizas duplicación? ¿Cómo lo sabes?

¿Cuáles números obtendrás si duplicas y sumas 1?

¿Cuáles números obtendrás si duplicas y sumas 2?

Intensifica

1. Encierra los dominós que representan una operación básica de **doble más 2**.

a. 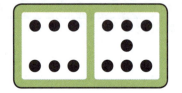 b. 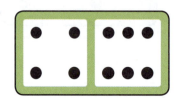 c.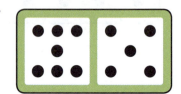

d. 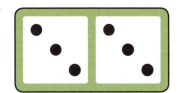 e. 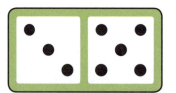 f.

g.  h. 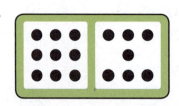 i.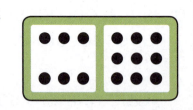

2. Escribe la operación básica de dobles que puedes utilizar para calcular el total en cada dominó. Luego escribe el total de cada operación básica de **doble más 2**.

a.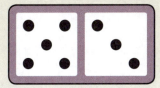

Doble ☐ son ☐

entonces

5 + 3 = ☐

b.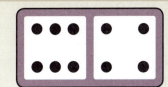

Doble ☐ son ☐

entonces

6 + 4 = ☐

c.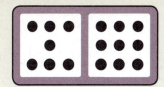

Doble ☐ son ☐

entonces

7 + 9 = ☐

d.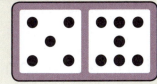

Doble ☐ son ☐

entonces

5 + 7 = ☐

e.

Doble ☐ son ☐

entonces

8 + 6 = ☐

Avanza Akari tiene 6 dólares. Su mamá le da 8 dólares más para comprar un juguete. Encierra los juguetes que Akari podría comprar.

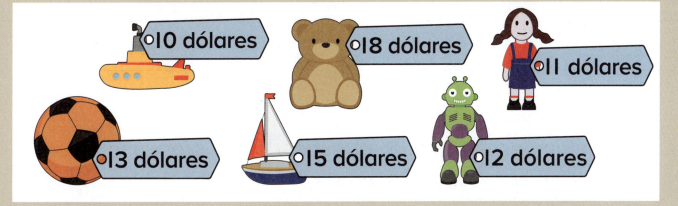

5.4 Reforzando conceptos y destrezas

Piensa y resuelve Imagina que lanzas dos saquitos con frijoles y ambos caen en el blanco.

a. ¿Cuál es el total **mayor** (más grande) que puedes obtener? ☐

b. ¿Cuál es el total **menor** (más pequeño)? ☐

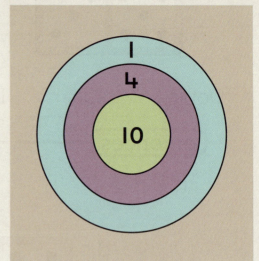

c. ¿Qué otros totales puedes obtener?

☐ ☐ ☐ ☐

Palabras en acción

a. Escribe un problema verbal de doble más 1. Puedes utilizar palabras de la lista como ayuda.

| más | doble | mismo | suma | total | dólares | costo |

_____
_____
_____
_____
_____

b. Escribe una ecuación que corresponda a tu problema verbal.

☐ + ☐ = ☐

Práctica continua

1. Completa la ecuación que corresponde a cada imagen.

a.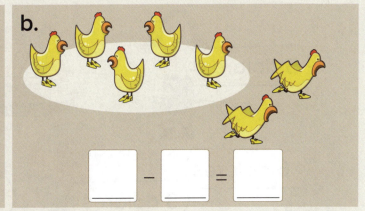

☐ – ☐ = ☐

b.

☐ – ☐ = ☐

2. Escribe la operación básica de dobles que puedes utilizar para calcular el total en cada dominó. Luego escribe el total para cada operación básica de **doble más 1**.

a.

Doble ☐ son ☐

entonces

$4 + 5 =$ ☐

b.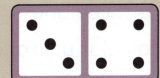

Doble ☐ son ☐

entonces

$3 + 4 =$ ☐

c.

Doble ☐ son ☐

entonces

$6 + 7 =$ ☐

Prepárate para el módulo 6

Cuenta hacia delante 1 o 2 *pennies*. Escribe la ecuación correspondiente.

a.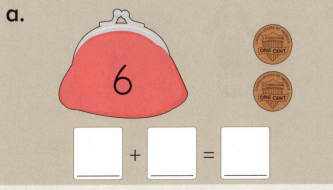

☐ + ☐ = ☐

b.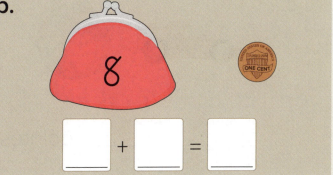

☐ + ☐ = ☐

5.5 Suma: Comparando todas las estrategias

Conoce Observa estos juguetes y sus precios.

¿Cómo podrías calcular el costo total de la cubeta y la muñeca?

¿Cómo podrías calcular el costo total de la pelota y el oso?
¿De qué otra manera podrías calcularlo?

¿Qué otros totales puedes calcular utilizando esa estrategia?

Intensifica

1. Observa los juguetes y los precios de arriba. Escribe una ecuación para indicar el costo total.

a.
☐ + ☐ = ☐ dólares

b.
☐ + ☐ = ☐ dólares

c.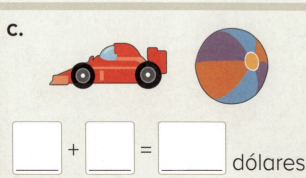
☐ + ☐ = ☐ dólares

d.
☐ + ☐ = ☐ dólares

2. Encuentra los juguetes y los precios en la parte superior de la página 170. Escribe una ecuación para indicar el costo total.

a.

☐ + ☐ = ☐ dólares

b.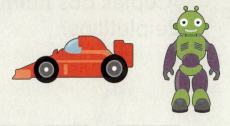

☐ + ☐ = ☐ dólares

c.

☐ + ☐ = ☐ dólares

d.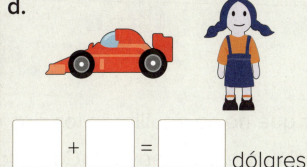

☐ + ☐ = ☐ dólares

e.

☐ + ☐ = ☐ dólares

f.

☐ + ☐ = ☐ dólares

Avanza Escribe **verdadero** o **falso** en cada enunciado.

a. Contar hacia delante es una manera de calcular el costo total de la **muñeca** y el **oso**. ☐

b. Puedes utilizar el doble más 1 para calcular el costo total de la **muñeca** y la **cubeta**. ☐

c. El precio del **robot** más el precio de la **pelota** es una operación básica de dobles. ☐

5.6 Número: Utilizando una balanza de platillos para comparar cantidades

Conoce ¿Cuáles dos números se indican en esta balanza de platillos?

¿Por qué no se equilibran los dos números?

¿Cuál número es mayor? ¿Cómo lo sabes?

> El número mayor tiene que ser más pesado.

¿Cómo podrías agregar más bloques para hacer que los dos números se equilibren?

Intensifica

1. Escribe números que correspondan a los bloques. Luego encierra el número **mayor**.

a.
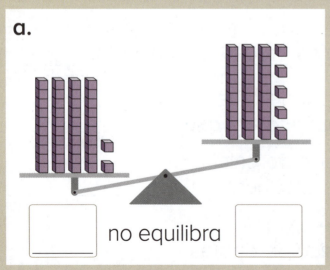
no equilibra

b.
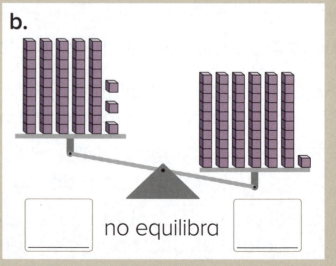
no equilibra

2. Escribe números que correspondan a los bloques. Luego encierra el número **menor.**

a.
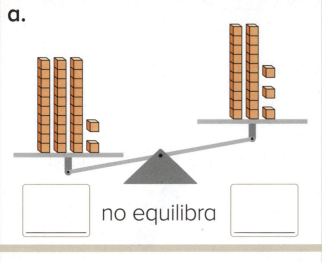
no equilibra

b.
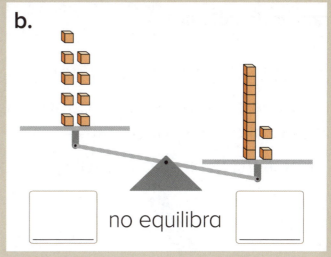
no equilibra

c.
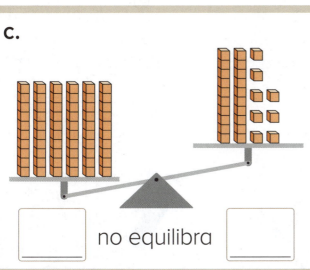
no equilibra

d.
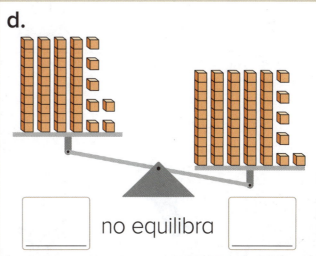
no equilibra

Avanza Dibuja más bloques para hacer estas balanzas verdaderas. Luego escribe los números.

a.
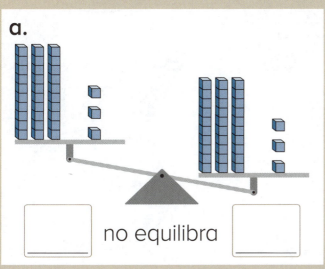
no equilibra

b.
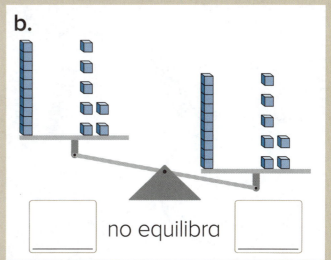
no equilibra

5.6 Reforzando conceptos y destrezas

Práctica de cálculo

★ Escribe los totales de cada par de operaciones básicas.

★ Traza una línea desde cada huella digital hasta la lupa con el total correspondiente.

★ Encierra la huella digital que no corresponde a ningún total.

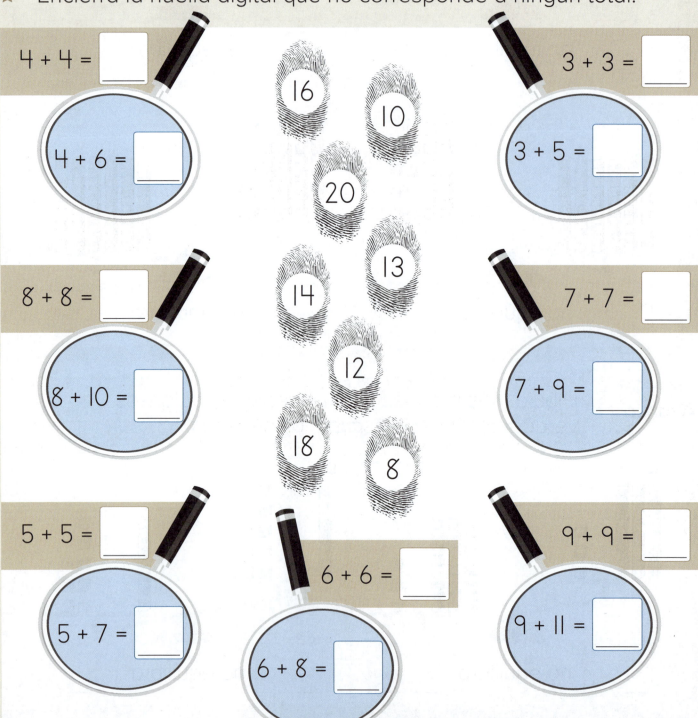

Práctica continua

1. Escribe una ecuación para indicar los bloques que quedan en el recipiente.

a. 5 bloques — Saca 1.
5 – 1 = ☐

b. 8 bloques — Saca 2.
☐ – ☐ = ☐

c. 6 bloques — Saca 2.
6 – 2 = ☐

d. 9 bloques — Saca 0.
☐ – ☐ = ☐

2. Escribe la operación básica de dobles que puedes utilizar para calcular el total en cada dominó. Luego escribe el total de cada operación básica de **doble más 2**.

a. Doble ☐ son ☐
entonces
7 + 5 = ☐

b. Doble ☐ son ☐
entonces
4 + 6 = ☐

c. Doble ☐ son ☐
entonces
9 + 7 = ☐

Prepárate para el módulo 6

Dibuja el mismo número de puntos en la otra ala. Luego escribe los números.

a. ☐ + ☐ = ☐
doble ☐ = ☐

b. ☐ + ☐ = ☐
doble ☐ = ☐

5.7 Número: Comparando cantidades (menores que 100)

Conoce ¿Cuántos bloques de decenas son amarillos?

¿Cuántos bloques de unidades son amarillos?
¿Cuántos bloques de decenas y unidades son morados?

¿Cuál color indica la mayor cantidad?
¿Cómo lo sabes?

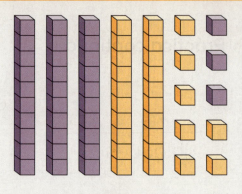

Primero observé las decenas. Hay 3 decenas morados y solamente 2 decenas amarillos.

Intensifica

1. Colorea los bloques que correspondan al nombre de cada número. Luego escribe los números para completar la declaración.

a. veinticuatro

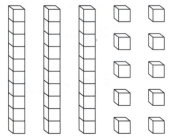

treinta y siete

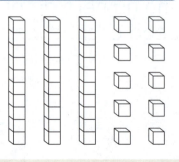

_____ es mayor que _____

b. cincuenta y uno

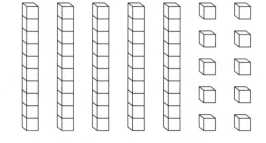

cuarenta y seis

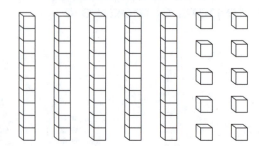

_____ es mayor que _____

2. Colorea los bloques que correspondan al nombre de cada número. Luego escribe los números para completar la declaración.

a.

trece

treinta y tres

____ es menor que ____

b.

sesenta

dieciséis

____ es menor que ____

Avanza ¿En qué dirección está la casa número 59? Dibuja una flecha en la calle para indicar la dirección.

5.8 Número: Comparando números de dos dígitos (valor posicional)

Conoce Compara el número de decenas y unidades en cada tabla de valor posicional.

¿Es 51 **mayor que** o **menor que** 38?
¿Cómo lo sabes?

Decenas	Unidades
5	1

Decenas	Unidades
3	8

¿Cuál posición observas primero cuando comparas dos números?

¿Qué harías si los dígitos en la posición de las decenas fueran iguales?

Intensifica

1. Compara los números en las tablas. Encierra las palabras verdaderas.

a.
Decenas	Unidades
7	5

es mayor que

es menor que

Decenas	Unidades
5	2

b.
Decenas	Unidades
4	6

es mayor que

es menor que

Decenas	Unidades
5	0

c.
Decenas	Unidades
2	9

es mayor que

es menor que

Decenas	Unidades
2	2

d.
Decenas	Unidades
3	8

es mayor que

es menor que

Decenas	Unidades
6	8

2. Compara los números. Escribe **es mayor que** o **es menor que** para hacer declaraciones verdaderas.

a. 88 _____ 90

b. 14 _____ 40

c. 67 _____ 29

d. 26 _____ 29

e. 33 _____ 19

3. Escribe otros números para hacer declaraciones verdaderas.

a. ☐ es menor que ☐

b. ☐ es mayor que ☐

c. ☐ es mayor que ☐

d. ☐ es menor que ☐

Avanza Escribe los dígitos en las casillas para hacer declaraciones verdaderas. Utiliza cada dígito solo una vez.

0 1 2 3
4 5 6 7
8 8 9 9

☐☐ es menor que ☐☐

☐☐ es mayor que ☐☐

☐☐ es menor que ☐☐

5.8 Reforzando conceptos y destrezas

Piensa y resuelve

Della es 2 años mayor que Clara.
Anya es un año menor que Della.
Clara tiene 5 años.

¿Cuántos años tiene Anya? ____

Palabras en acción

Elige y escribe una palabra de la lista para completar cada enunciado de abajo. Algunas palabras se repiten.

Lista: treinta, veinticuatro, decena, mayor, menor, unidades

a. _____ no equilibra a once.

b. Trece es _____ que doce.

c. Diecisiete es _____ que dieciocho, pero _____ que dieciséis.

d. Cuarenta y cuatro es _____ que cuarenta y uno porque tiene tres _____ más.

e. _____ es mayor que catorce porque tiene una _____ más.

Práctica continua

1. Resuelve cada problema. Dibuja imágenes o escribe ecuaciones para indicar tu razonamiento.

   a. Isaac compra un florero por 8 dólares y flores por 5 dólares. ¿Cuánto gasta?

    dólares

   b. Ava compra un libro por 6 dólares. Ella paga con un billete de 10 dólares. ¿Cuánto recibirá de vuelto?

    dólares

2. Escribe los totales. Luego escribe **C** o **D** en los círculos para indicar la estrategia que utilizaste para calcular cada total.

   Estrategia de suma
   - C contar hacia delante
   - D dobles

   ○ 7 + 1 = ___   ○ 2 + 6 = ___

   ○ 3 + 4 = ___   ○ 4 + 5 = ___   ○ 5 + 6 = ___

   ○ 5 + 5 = ___   ○ 1 + 5 = ___   ○ 7 + 5 = ___

Prepárate para el módulo 6

Colorea cada vaso de manera que corresponda a su etiqueta.

a.  lleno

b. 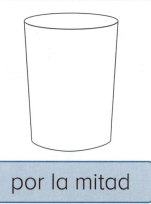 por la mitad

c. 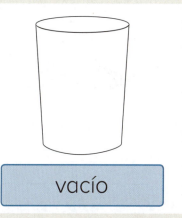 vacío

5.9 Número: Comparando para ordenar números de dos dígitos

Conoce ¿Qué indica esta imagen?

¿Cómo podrías ordenar estos puntajes de **menor** a **mayor**?

Intensifica

1. Escribe estos números en orden de **menor** a **mayor**.

a. 22 15 28 31

____ ____ ____ ____

b. 54 63 45 72

____ ____ ____ ____

c. 18 33 41 39

____ ____ ____ ____

d. 78 71 69 80

____ ____ ____ ____

2. Escribe estos números en orden de **mayor** a **menor**.

a. 29 31 24 19
___ ___ ___ ___

b. 48 42 46 55
___ ___ ___ ___

c. 65 70 73 61
___ ___ ___ ___

d. 90 82 88 18
___ ___ ___ ___

3. Escribe números para indicar de **menor** a **mayor**

13 17 27 ___ ___ 52

4. Escribe números para indicar de **mayor** a **menor**.

88 ___ 61 36 ___ 4

Avanza Lee la historia. Luego escribe cada nombre arriba del puntaje correspondiente.

a. El puntaje de **Giselle** fue mayor que el de **Wendell**. El puntaje de **Luke** fue menor que el de **Wendell**.

___ ___ ___
13   22   34

b. El puntaje de **Dena** fue mayor que el de **Logan** pero menor que el de **Richard**.

___ ___ ___
35   42   57

5.10 Número: Introduciendo símbolos de comparación

Conoce Observa esta imagen de bloques.

¿Cuál lado tiene el mayor número de bloques?

Observa el enunciado de comparación debajo de la imagen.
¿En qué corresponde a la imagen?

¿Qué crees que significa >?

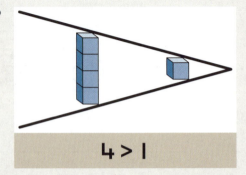

4 > 1

 Cuando se lee de izquierda a derecha, el símbolo **>** significa **es mayor que**.

Observa esta imagen.
¿Cuál lado tiene el **mayor** número de bloques?

Observa el enunciado de comparación debajo de la imagen.
¿En qué corresponde a la imagen?

¿Qué crees que significa <?

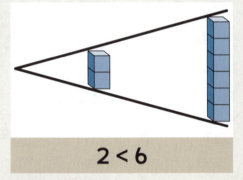

2 < 6

 Cuando se lee de izquierda a derecha, el símbolo **<** significa **es menor que**.

Intensifica

1. Compara cada pila de bloques. Luego escribe < o > para completar cada enunciado.

a.

   5 ◯ 2

b.

   3 ◯ 6

2. Escribe los números y **<** o **>** para completar cada enunciado.

a.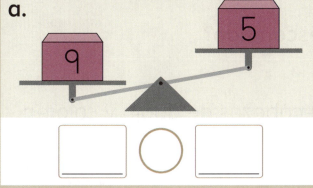

b.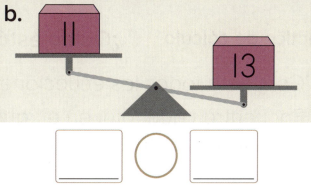

c.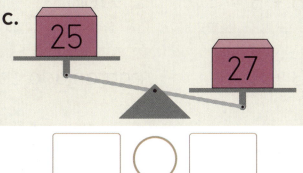

d.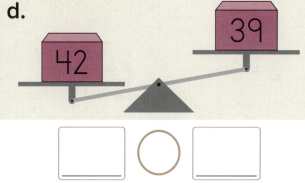

3. Encierra los enunciados verdaderos.

a. 19 > 16   b. 34 < 29   c. 8 < 10   d. 17 > 71

Avanza

Utiliza estos números para hacer que las las balanzas sean verdaderas. Escribe los enunciados de comparación correspondientes.

13   10   15   12

a.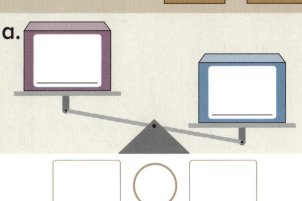

b.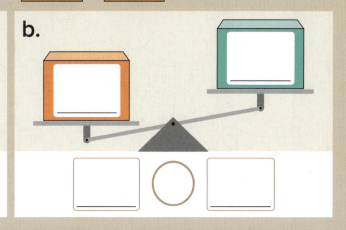

5.10 Reforzando conceptos y destrezas

Práctica de cálculo   ¿Quién está escondido?

★ Completa todas las ecuaciones.
★ Encuentra cada total en el rompecabezas de abajo y colorea las partes como se indica.

$8 + 9 =$ ☐   amarillo
$6 + 5 =$ ☐   rojo
$2 + 3 =$ ☐   morado
$3 + 4 =$ ☐   anaranjado
$7 + 6 =$ ☐   azul
$7 + 8 =$ ☐   rosado
$5 + 4 =$ ☐   verde

Práctica continua

1. Observa la figura. Escribe **verdadero** o **falso** en cada característica.

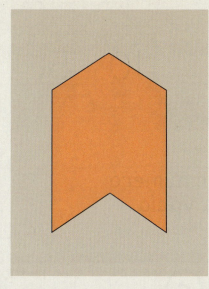

a. Es una figura cerrada. _____

b. Tiene 6 vértices. _____

c. Tiene 5 lados. _____

d. Todos los lados son iguales. _____

2. Escribe los números que correspondan a los bloques. Luego encierra el número **menor**.

a.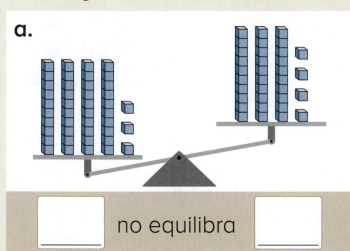
☐   no equilibra   ☐

b.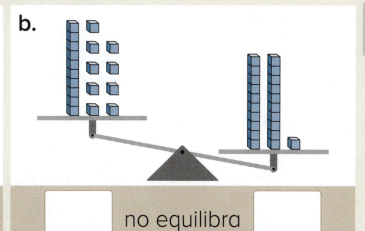
☐   no equilibra   ☐

Prepárate para el módulo 6

Encierra el cartón de huevos que está por la mitad.

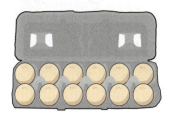 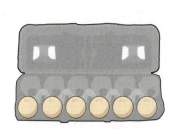 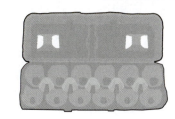

5.11 Número: Escribiendo comparaciones (con símbolos)

Conoce Observa esta balanza.

¿Qué número podrías escribir en la casilla vacía del lado izquierdo? ¿Cómo lo sabes?

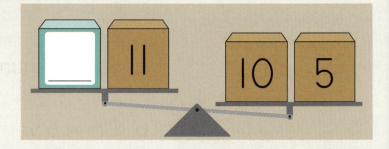

Podrías escribir cualquier número menor que 4 en la casilla vacía.

¿Qué enunciado de comparación podrías escribir?

Observa esta balanza.

¿Qué sabes acerca de los números en el lado izquierdo?

¿Qué números podrías escribir?

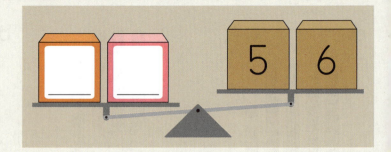

Intensifica

1. Escribe un número que haga que la balanza sea verdadera. Luego escribe un enunciado de comparación utilizando **<** o **>** según corresponda.

a.

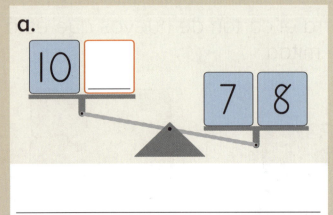

b.

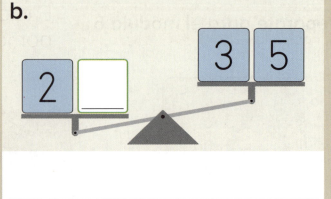

2. Escribe números para hacer que la balanza sea verdadera. Luego escribe el enunciado de comparación correspondiente.

a.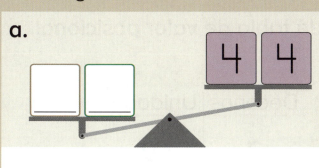

b.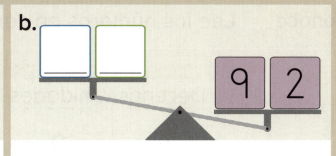

c.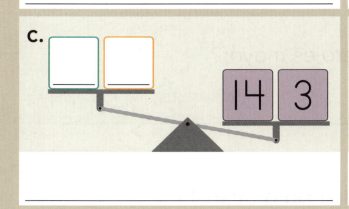

d.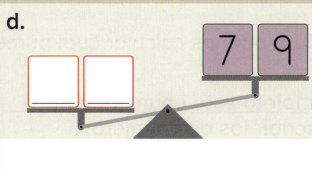

3. Escribe <, >, o = para hacer enunciados de comparación verdaderos.

a. 14 + 3 ◯ 16 + 2

b. 6 + 7 ◯ 1 + 15

c. 5 + 7 ◯ 1 + 11

d. 8 + 9 ◯ 7 + 8

e. 19 + 0 ◯ 2 + 17

f. 2 + 13 ◯ 8 + 6

Avanza Escribe los números que faltan para hacer enunciados de comparación verdaderos.

a. 5 + 2 = ☐ + 1

b. 6 + ☐ > 4 + 5

c. ☐ + 3 = 4 + 5

d. 10 + 1 < 7 + ☐

5.12 Número: Comparando números de dos dígitos (con símbolos)

Conoce   Lee los números en cada tabla de valor posicional.

Decenas	Unidades		Decenas	Unidades
4	9		7	0

¿Cómo podrías calcular cuál número es mayor?

Completa este enunciado para describir los dos números.

¿Qué otro enunciado podrías escribir para describir los dos números?

49 < 70

Intensifica   1. Colorea los bloques de manera que corresponda al nombre del número. Luego escribe los números para completar la declaración.

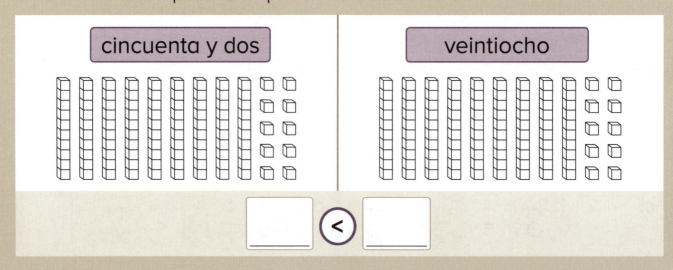

190

2. Compara los números en las tablas.
   Luego escribe < o > para hacer declaraciones verdaderas.

a.
Decenas	Unidades
3	9

Decenas	Unidades
4	5

b.
Decenas	Unidades
8	2

Decenas	Unidades
6	4

c.
Decenas	Unidades
8	7

Decenas	Unidades
8	1

d.
Decenas	Unidades
9	1

Decenas	Unidades
1	9

3. Escribe < o > para comparar estos números.

a. 67 ◯ 38

b. 95 ◯ 97

c. 7 ◯ 74

d. 35 ◯ 18

e. 62 ◯ 68

f. 14 ◯ 41

Avanza Escribe otros números para hacer declaraciones verdaderas.

a. 92 > ____

b. 30 < ____

c. ____ < 47

d. 5 > ____

5.12 Reforzando conceptos y destrezas

Piensa y resuelve

Solo te puedes mover en esta dirección ⟶ o esta ↑.

•⟶• es 1 unidad.

¿Cuántas unidades hay en el camino **más largo** de **A** a **B**? ☐ unidades

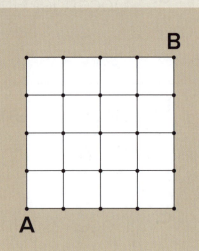

Palabras en acción

Imagina que tu amigo estuvo ausente cuando aprendiste sobre los símbolos **<** y **>**.

Escribe acerca de lo que significan los símbolos y cómo se pueden utilizar. Puedes utilizar palabras de la lista como ayuda.

> mayor que
> apunta a
> menor que
> lado abierto
> comparas
> números
> decenas
> unidades

_____
_____
_____
_____
_____
_____
_____
_____
_____

Práctica continua

1. Dibuja cada figura.

a. hexágono	b. triángulo	c. rectángulo no cuadrado

2. Escribe **<** o **>** para completar cada declaración.

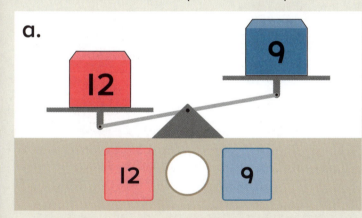

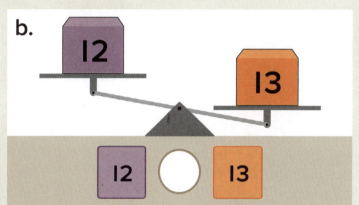

Prepárate para el módulo 6

Encierra el emparedado que se ha cortado a la mitad.

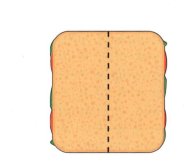 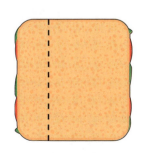 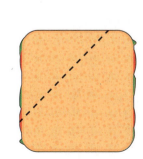

Espacio de trabajo

6.1 Resta: Identificando las partes y el total

Conoce Observa esta imagen.

¿Qué historia de suma podrías contar acerca de esta imagen?

¿Cuál número es el **total** en tu historia?

¿Cuáles números son **partes** del total?

¿Qué historia de resta podrías contar acerca de la imagen?

¿Cuál número es el **total** en tu historia?

¿Cuáles números son **partes** del total?

Intensifica 1. Escribe el número en cada parte y el total.

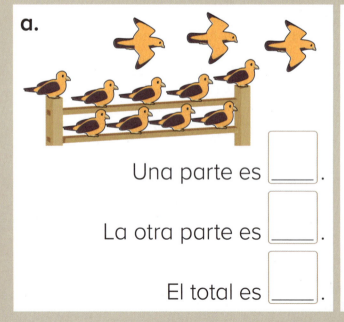

a.
Una parte es ____.
La otra parte es ____.
El total es ____.

b.
Una parte es ____.
La otra parte es ____.
El total es ____.

2. Completa cada una de estas declaraciones.

a.

Una parte es ☐.

La otra parte es ☐.

El total es ☐.

b.

Una parte es ☐.

La otra parte es ☐.

El total es ☐.

c.

Una parte es ☐.

La otra parte es ☐.

El total es ☐.

d.

Una parte es ☐.

La otra parte es ☐.

El total es ☐.

Avanza Dibuja una imagen que corresponda a las pistas.

Una parte es 5.
La otra parte es 3.
El total es 8.

6.2 Resta: Explorando la idea del sumando desconocido

Conoce Había 8 *muffins* en esta bandeja.

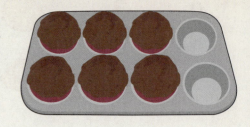

Alguien se comió algunos de los *muffins*.
¿Cuántos *muffins* se comió?
¿Cómo lo sabes?

¿Cuál es el total? ¿Cuáles son las partes?

Intensifica

1. Dibuja más puntos para completar el total. Luego escribe las dos partes.

a. 7 puntos en total

6

b. 5 puntos en total

c. 6 puntos en total

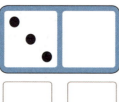

d. 7 puntos en total

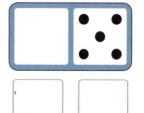

e. 4 puntos en total

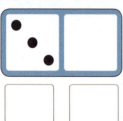

f. 5 puntos en total

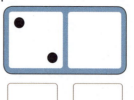

2. Dibuja más puntos para completar el total.
Luego completa la operación básica de suma.

a. 6 puntos en total
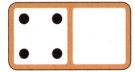
4 + ☐ = 6

b. 7 puntos en total
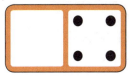
☐ + 4 = 7

c. 9 puntos en total

7 + ☐ = 9

d. 5 puntos en total
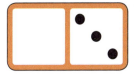
☐ + 3 = 5

e. 4 puntos en total
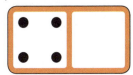
4 + ☐ = 4

f. 8 puntos en total
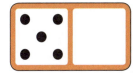
5 + ☐ = 8

Avanza Escribe una operación básica de suma que te ayude a calcular la respuesta. Luego escribe la respuesta.

a. Marcos tiene 7 autos de juguete. Su hermano le da algunos más. Marcos ahora tiene 9 autos. ¿Cuántos autos le dio su hermano?
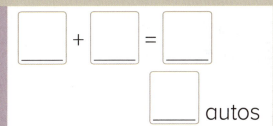

b. Deana atrapó 9 peces. Luego atrapó algunos más. Deana ahora tiene 12 peces. ¿Cuántos peces más atrapó?
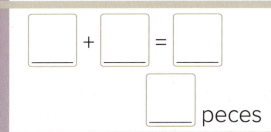

6.2 Reforzando conceptos y destrezas

Práctica de cálculo

★ Completa las ecuaciones para cada par de operaciones básicas.

1 + 1 = ☐   1 + 2 = ☐

4 + 4 = ☐   4 + 5 = ☐

2 + 2 = ☐   2 + 3 = ☐

7 + 7 = ☐   7 + 8 = ☐

5 + 5 = ☐   5 + 6 = ☐

9 + 9 = ☐   9 + 10 = ☐

3 + 3 = ☐   3 + 4 = ☐

8 + 8 = ☐   8 + 9 = ☐

6 + 6 = ☐   6 + 7 = ☐

Práctica continua

1. Escribe la operación básica de dobles. Dibuja **un punto más** en uno de los lados. Luego escribe la operación básica de **doble más 1** y su operación conmutativa.

a.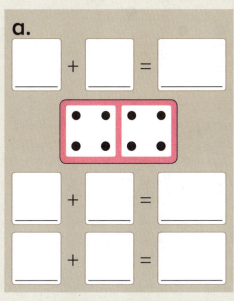

b.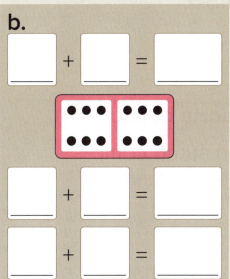

c.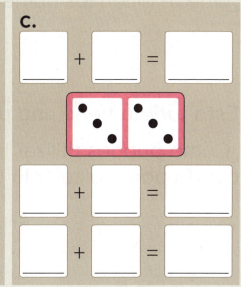

2. Escribe el número en cada parte y el total.

Una parte es ____.

La otra parte es ____.

El total es ____.

Prepárate para el módulo 7 Escribe el número de decenas y unidades.

a.   decenas unidades

b.    decenas unidades

6.3 Resta: Identificando sumandos desconocidos

Conoce

Esta tarjeta indica **dos partes** y un **total**.

¿Qué te dicen los números?

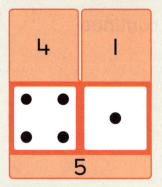

Esta tarjeta tiene una parte oculta.

¿Cómo puedes utilizar la suma como ayuda para calcular la parte oculta?

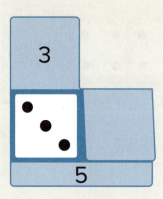

Sé que el total es 5, y también sé que una parte es 3. 3 y 2 son 5, entonces la parte que falta tiene que ser 2.

Intensifica

1. Escribe el número que falta y dibuja los puntos correspondientes en cada tarjeta. Luego completa las operaciones básicas de suma.

a.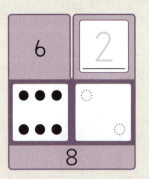

6 + ☐ = 8

b.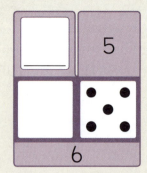

☐ + 5 = 6

c.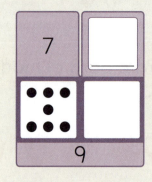

7 + ☐ = 9

2. Completa la operación básica de suma para cada tarjeta.

a.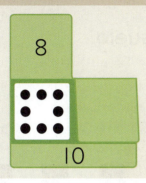

$8 + \boxed{} = 10$

b.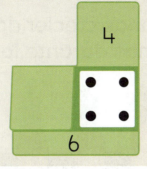

$\boxed{} + 4 = 6$

c.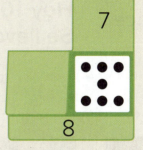

$\boxed{} + 7 = 8$

d.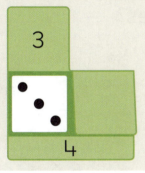

$3 + \boxed{} = 4$

e.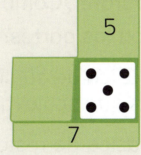

$\boxed{} + 5 = 7$

f.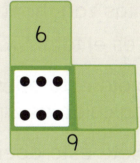

$6 + \boxed{} = 9$

3. Escribe el número que falta para completar cada operación básica de suma.

a. $\boxed{} + 6 = 7$

b. $4 + \boxed{} = 6$

c. $7 + \boxed{} = 9$

Avanza Escribe una operación básica de suma que te ayude a calcular la respuesta. Luego escribe la respuesta.

Había 9 pájaros en una cerca. Algunos pájaros se fueron volando. Ahora hay 6 pájaros en la cerca. ¿Cuántos pájaros se fueron volando?

$\boxed{} + \boxed{} = \boxed{}$

$\boxed{}$ pájaros

6.4 Resta: Introduciendo la estrategia de pensar en suma (operaciones básicas de contar hacia delante)

Conoce

Hay 10 zanahorias creciendo en el suelo. Se llevan algunas durante la noche.

¿Cuántas zanahorias se llevaron? ¿Cómo lo sabes?

¿Cuál es el total? ¿Cuáles son las partes?

Completa esta operación básica de suma para calcular las zanahorias que se llevaron.

$8 + \boxed{} = 10$

Completa esta operación básica de resta para calcular las zanahorias que se llevaron.

$10 - 8 = \boxed{}$

De la suma y la resta, ¿cuál de las dos te resultó más fácil de utilizar para resolver este problema?

Intensifica

1. Completa la operación básica de suma para calcular las zanahorias que se llevaron. Luego completa la operación básica de resta.

a. $7 + \boxed{} = 8$

$8 - 7 = \boxed{}$

b. $6 + \boxed{} = 9$

$9 - 6 = \boxed{}$

2. Calcula el número de puntos que están cubiertos. Luego completa las operaciones básicas.

a. 5 − 3 = ☐

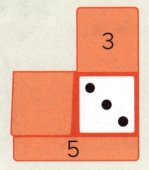

3 + ☐ = 5

b. 9 − 7 = ☐

7 + ☐ = 9

c. 6 − 5 = ☐

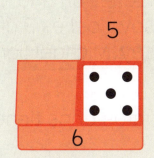

5 + ☐ = 6

d. 8 − 5 = ☐

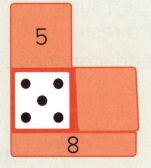

5 + ☐ = 8

e. 4 − 3 = ☐

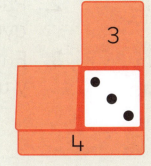

3 + ☐ = 4

f. 7 − 4 = ☐

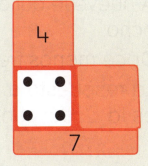

4 + ☐ = 7

Avanza Resuelve este problema. Indica tu razonamiento.

Hay 9 bayas en un paquete.
Se comen 4 bayas el lunes.
Se comen 3 bayas el martes.
¿Cuántas bayas quedan?

☐ bayas

6.4 Reforzando conceptos y destrezas

Piensa y resuelve

Michael es un año menor que Lindsay. Joel es 3 años mayor que Lindsay. Michael tiene 5 años.

¿Cuántos años tiene Joel? ☐

Palabras en acción

Escribe las respuestas para cada pista en la cuadrícula. Usa las palabras en **inglés** de la lista.

Pistas horizontales

1. Quitar significa __.
4. A nueve le quitas __ son ocho.
5. Doce menos tres son __.
6. La respuesta a una resta es la __ desconocida.

Pistas verticales

1. Ocho menos uno son __.
2. Puedes __ en suma como ayuda para restar.
3. En una resta, conoces el __ y una parte.

total — total
think — pensar
part — parte
seven — siete
nine — nueve
one — uno
subtract — restar

Práctica continua

1. Encierra el dominó que indica una operación básica de **doble más 1**.

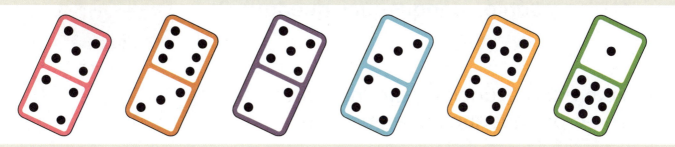

2. Escribe el número que falta y dibuja los puntos correspondientes en cada tarjeta. Luego completa las operaciones básicas de suma.

a.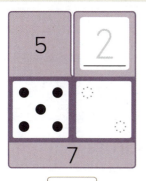

5 + ☐ = 7

b.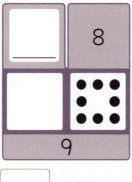

☐ + 8 = 9

c.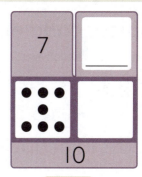

7 + ☐ = 10

Prepárate para el módulo 7

Escribe el número correspondiente de decenas y unidades en el expansor. Luego escribe el nombre del número.

a.

b.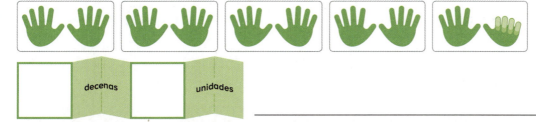

6.5 Resta: Reforzando la estrategia de pensar en suma (operaciones básicas de contar hacia delante)

Conoce

Hay 9 panqueques en una pila. Si se comen 6 panqueques, ¿cuántos panqueques quedarán?

Completa cada ecuación para indicar el número de panqueques que quedará.

¿Cuál ecuación utilizarías para resolver este problema?

9 − 6 = ☐

piensa

6 + ☐ = 9

Completa cada ecuación.

8 − 2 = ☐   10 − 9 = ☐   6 − 1 = ☐   5 − 3 = ☐

Encierra la ecuación que resolviste pensando en suma.

¿Cómo decidiste cuál ecuación encerrar?

Intensifica

1. Dibuja puntos para calcular la parte que falta. Luego completa las operaciones básicas correspondientes

a. 6 puntos en total

6 − 5 = ☐

piensa

5 + ☐ = 6

b. 7 puntos en total

7 − 2 = ☐

piensa

2 + ☐ = 7

2. Calcula el número de puntos que están cubiertos. Luego completa las operaciones básicas.

a. 8 puntos en total

$8 - 6 = \boxed{}$

$6 + \boxed{} = 8$

b. 10 puntos en total

$10 - 3 = \boxed{}$

$3 + \boxed{} = 10$

c. 6 puntos en total

$6 - 1 = \boxed{}$

$1 + \boxed{} = 6$

d. 3 puntos en total

$3 - 3 = \boxed{}$

$3 + \boxed{} = 3$

e. 7 puntos en total

$7 - 5 = \boxed{}$

$5 + \boxed{} = 7$

f. 10 puntos en total

$10 - 1 = \boxed{}$

$1 + \boxed{} = 10$

3. Escribe cada respuesta.

a. $7 - 6 = \boxed{}$

b. $4 - 2 = \boxed{}$

c. $10 - 8 = \boxed{}$

Avanza

Resuelve este problema. Indica tu razonamiento.

Hailey tiene 8 *pennies*. Ella le da 2 *pennies* a su hermana y 4 *pennies* a su hermano. ¿Cuántos *pennies* le quedan a Hailey?

 pennies

6.6 Resta: Introduciendo la estrategia de pensar en suma (operaciones básicas de dobles)

Conoce

Hay 8 pelotas en una caja. Se sacan 4 pelotas. ¿Cuántas pelotas quedan?

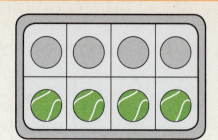

¿Cómo podrías calcular la respuesta sin ver la imagen?

Completa este enunciado.

observa ➡ 8 − 4 = ☐

piensa ➡ 4 + ☐ = 8

¿Qué operaciones básicas de dobles conoces?

Intensifica

1. Escribe la operación básica de dobles que corresponda a cada total.

a. 6 + 6 = 12

b. 18 = ☐ + ☐

c. ☐ + ☐ = 8

d. 2 = ☐ + ☐

e. ☐ + ☐ = 10

f. 14 = ☐ + ☐

g. ☐ + ☐ = 4

h. 20 = ☐ + ☐

i. ☐ + ☐ = 16

j. 6 = ☐ + ☐

2. Calcula el número de puntos que están cubiertos. Luego completa las operaciones básicas.

a. 12 − 6 = ☐

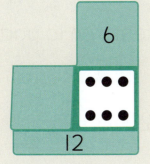

6 + ☐ = 12

b. 4 − 2 = ☐

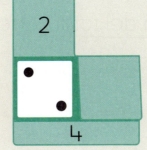

2 + ☐ = 4

c. 16 − 8 = ☐

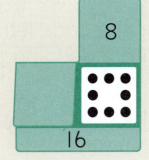

8 + ☐ = 16

d. 2 − 1 = ☐

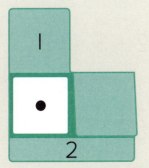

1 + ☐ = 2

e. 14 − 7 = ☐

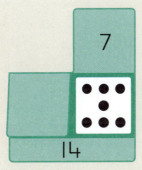

7 + ☐ = 14

f. 18 − 9 = ☐

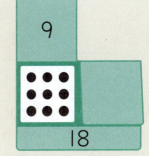

9 + ☐ = 18

Avanza

Andre lanza un cubo numérico dos veces. Él obtiene el mismo número las dos veces. El total de los dos lanzamientos es 6.

¿Qué número obtuvo? ☐

6.6 Reforzando conceptos y destrezas

Práctica de cálculo   ¿Adónde hacen sus compras los superhéroes?

★ Completa las ecuaciones.
★ Escribe cada letra arriba del total correspondiente en la parte inferior de la página.

15 + 1 = ___ n	13 + 2 = ___ l	2 + 12 = ___ e
1 + 7 = ___ a	19 + 1 = ___ e	15 + 2 = ___ o
17 + 2 = ___ d	1 + 17 = ___ r	3 + 6 = ___ e
9 + 2 = ___ u	2 + 10 = ___ e	2 + 3 = ___ r
9 + 1 = ___ p	4 + 2 = ___ m	2 + 11 = ___ s
4 + 3 = ___ c		

20 16   12 15

13 11 10 14 18 6 9 5 7 8 19 17

212

Práctica continua

1. Encierra los dominós que indican una operación básica de **doble más 2**.

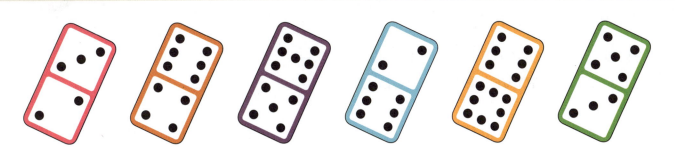

2. Calcula el número de puntos que están cubiertos. Luego completa las operaciones básicas.

a. 9 puntos en total

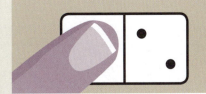

9 − 2 = ☐

2 + ☐ = 9

b. 8 puntos en total

8 − 5 = ☐

5 + ☐ = 8

c. 7 puntos en total

7 − 1 = ☐

1 + ☐ = 7

Prepárate para el módulo 7

Escribe el número de decenas y unidades. Luego escribe el numeral correspondiente.

a.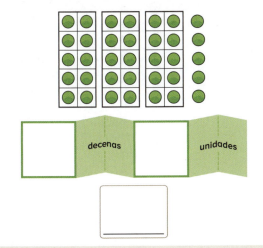

☐ decenas ☐ unidades

b.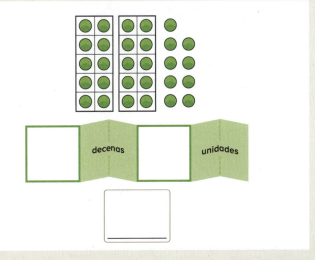

☐ decenas ☐ unidades

6.7 Resta: Reforzando la estrategia de pensar en suma (operaciones básicas de dobles)

Conoce

Sara tiene 16 tarjetas de béisbol. Ella le da algunas a un amigo. Sara ahora tiene 8 tarjetas.

¿Cuántas tarjetas regaló?

Encierra el razonamiento que podrías utilizar para resolver este problema.

| $8 + 8 = 16$ | $8 - 8 = 0$ | $16 - 8 = 8$ | $16 + 8 = 24$ |

Cuando se usa la suma para resolver una resta, la respuesta es la parte desconocida.

Puedo resolver el problema razonando $8 + \_\_ = 16$. La respuesta es 8, no 16.

¿Cómo podrías utilizar la suma para resolver este problema?

¿Qué operación básica de suma podrías escribir?

$12 - 6 =$ ☐

Intensifica

1. Dibuja puntos para calcular la parte que falta. Luego completa las operaciones básicas correspondientes.

a. 10 puntos en total

$10 - 5 =$ ☐

$5 +$ ☐ $= 10$

b. 6 puntos en total

$6 - 3 =$ ☐

$3 +$ ☐ $= 6$

c. 14 puntos en total

$14 - 7 =$ ☐

$7 +$ ☐ $= 14$

2. Calcula el número de puntos que están cubiertos. Luego completa las operaciones básicas.

a. 8 puntos en total

8 − 4 = ☐

4 + ☐ = 8

b. 4 puntos en total

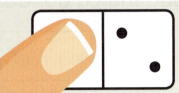

4 − 2 = ☐

2 + ☐ = 4

c. 18 puntos en total

18 − 9 = ☐

9 + ☐ = 18

d. 16 puntos en total

16 − 8 = ☐

8 + ☐ = 16

e. 12 puntos en total

12 − 6 = ☐

6 + ☐ = 12

f. 6 puntos en total

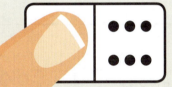

6 − 6 = ☐

6 + ☐ = 6

3. Escribe cada respuesta.

a. 18 − 9 = ☐

b. 20 − 10 = ☐

c. 8 − 0 = ☐

Avanza

Samuel tiene 8 *pennies*. Él le da 2 *pennies* a su hermana y 2 *pennies* a su hermano. ¿Cuántos *pennies* le quedan? Indica tu razonamiento.

☐ *pennies*

6.8 Fracciones comunes: Identificando ejemplos de un medio (modelo longitudinal)

Conoce

Esta tira de papel se dobló y luego se abrió de nuevo. La línea punteada indica donde se dobló.

¿Cómo podrías probar que la tira de papel se dobló a la mitad?

¿Cuál de estas tiras no se dobló a la mitad? ¿Cómo lo sabes?

Intensifica

1. Colorea de rojo una de las partes en cada tira. Luego encierra las tiras que indican **un medio** en rojo.

a.

b.

c.

d.

e.

2. ¿Cómo decidiste cuál de las tiras en la pregunta 1 indica un medio?

_____
_____
_____
_____

3. Traza una línea para partir cada tira a la mitad.

a.

b.

c.

d.

e.

Avanza Colorea esta tira para indicar una fracción que sea un **poco más** de un medio.

6.8 Manteniendo conceptos y destrezas

Piensa y resuelve   Lee las pistas.
Utiliza las letras para responder.

Pistas

- **M** y **N** pesan lo mismo.
- **O** es más pesado que **M**.
- **P** es más liviano que **N**.

a. ¿Cuál es el más pesado?

b. ¿Cuál es el más liviano?

Palabras en acción

a. Escribe acerca de los lugares donde has visto **un medio**.

___

___

___

___

b. Dibuja una imagen que indique lo que vistes.

Práctica continua

1. Colorea bloques para que correspondan a cada número. Luego escribe los números para completar cada declaración.

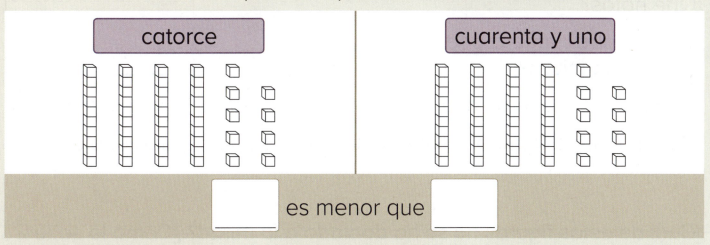

☐ es menor que ☐

2. Calcula el número de puntos que están cubiertos. Luego completa las operaciones básicas.

a. 14 puntos en total
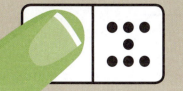

14 − 7 = ☐

7 + ☐ = 14

b. 6 puntos en total

6 − 3 = ☐

3 + ☐ = 6

c. 16 puntos en total

16 − 8 = ☐

8 + ☐ = 16

Prepárate para el módulo 7 Escribe cada hora.

a.
☐ en punto

b.
☐ en punto

c.
☐ en punto

Fracciones comunes: Identificando ejemplos de un medio (modelo de área)

Conoce

Esta hoja de papel fue doblada y abierta de nuevo.

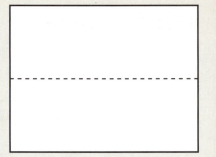

¿Qué notas?

¿De qué otra manera podrías doblar la hoja a la mitad?

¿De cuántas maneras diferentes podrías doblar la hoja a la mitad?

¿Cómo podrías comprobar que una hoja de papel ha sido doblada a la mitad?

¿Cuál de estas figuras no se ha doblado a la mitad? ¿Cómo lo sabes?

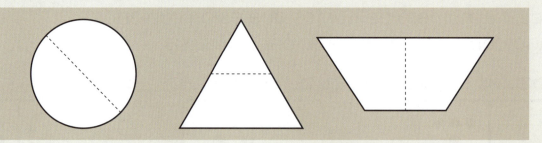

Intensifica

1. Traza una línea en cada una de estas figuras para indicar mitades.

a.

b.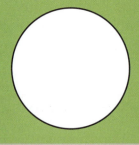

c.

d.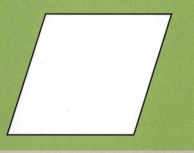

2. Colorea de rojo **una** de las partes de cada figura. Luego encierra cada figura que indique **un medio** en rojo.

a. 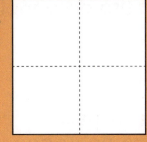 b. 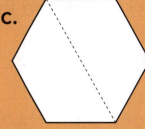 c.

d. 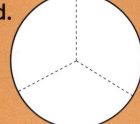 e. 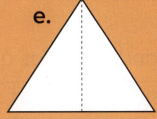 f.

g.  h. 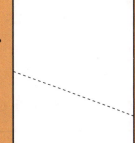 i.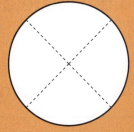

Avanza Colorea partes de manera que correspondan a cada etiqueta.

a. 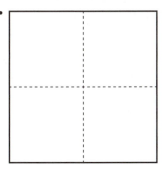 b.  c.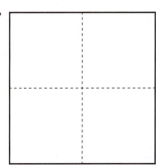

menos de un medio | un medio | más de un medio

Fracciones comunes: Identificando ejemplos de un cuarto (modelo longitudinal)

Conoce

Katherine dobla una tira de papel a la mitad. Luego ella dobla la misma tira de papel a la mitad de nuevo.

La tira de papel ahora está doblada en **cuartos**.

Traza líneas en esta tira donde piensas que el papel fue doblado.

¿Cómo decidiste dónde trazar las líneas de los dobleces?

¿Cuál de estas tiras no fue doblada en cuartos? ¿Cómo lo sabes?

Intensifica

1. Traza líneas en cada tira para indicar cuartos.

a.

b.

2. Colorea de rojo **una** de las partes de cada tira.
Luego encierra las tiras que indican **un cuarto** en rojo.

a.

b.

c.

d.

e.

3. Observa la tira de la pregunta 2b.
¿Cómo decidiste que un cuarto de esta tira es rojo?

Avanza   Colorea esta tira para indicar una fracción que sea un poco menos de un cuarto.

6.10 Reforzando conceptos y destrezas

Práctica de cálculo ¿Qué le das a un elefante de pies grandes?

★ Completa las ecuaciones.
★ Escribe cada letra arriba del total correspondiente en la parte inferior de la página.

7 + 2 = ☐ c   9 + 2 = ☐ a

5 + 5 = ☐ o   2 + 4 = ☐ s

2 + 1 = ☐ e   3 + 1 = ☐ p

1 + 4 = ☐ i   4 + 3 = ☐ o

3 + 5 = ☐ u   6 + 6 = ☐ m

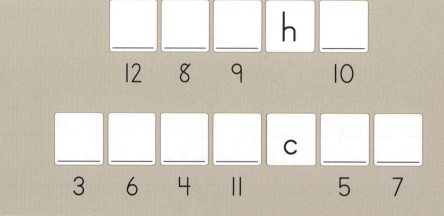

12 8 9   h   10

3 6 4 11   c 5 7

224

Práctica continua

1. Escribe estos números en orden de **menor** a **mayor**.

a. 12 18 22 15

b. 38 41 83 75

c. 32 39 41 40

d. 25 29 31 21

2. Traza una línea en cada una de estas figuras para indicar **mitades**.

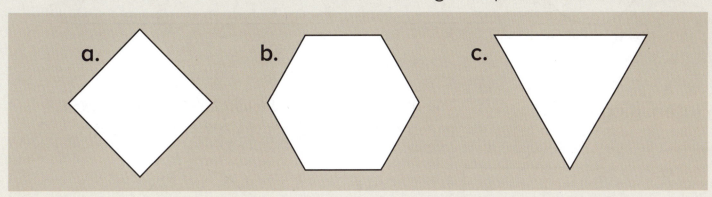

Prepárate para el módulo 7 — Dibuja manecillas en cada reloj para indicar la hora.

a. 4 en punto

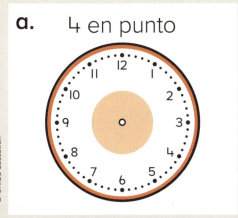

b. 11 en punto

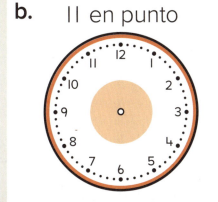

c. 7 en punto

6.11 Fracciones comunes: Identificando ejemplos de un cuarto (modelo de área)

Conoce Observa esta hoja de papel.

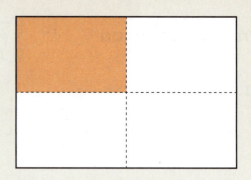

Describe la fracción que ves.

¿De qué otras maneras podrías doblar el papel para indicar cuartos?

¿Cómo podrías comprobar que una hoja de papel ha sido doblada en cuartos?

¿Cuál de estas figuras indica un cuarto? ¿Cómo lo sabes?

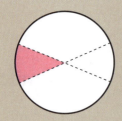 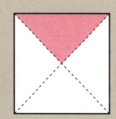 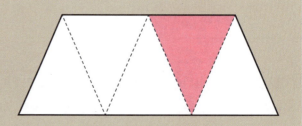

Intensifica

1. Traza una línea más para indicar cuatro partes del mismo tamaño. Luego colorea **un cuarto**.

a.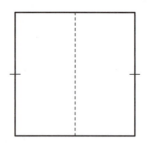

b.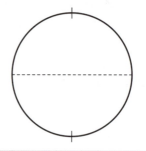

c.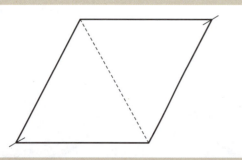

d.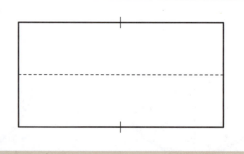

2. Colorea de azul **una** de las partes en cada figura. Luego encierra cada figura que indique **un cuarto** en azul.

a.

b.

c.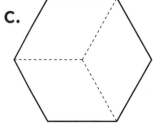

d.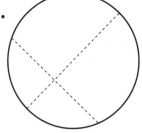

e.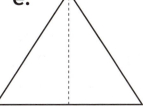

f.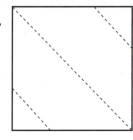

g.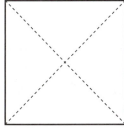

h.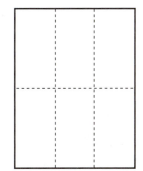

i.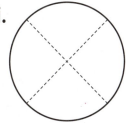

Avanza ¿Piensas que un cuarto de esta figura está coloreado? Explica tu razonamiento con palabras.

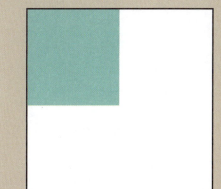

6.12 Fracciones comunes: Reforzando un medio y un cuarto (modelo de área)

Conoce Utiliza color rojo para indicar una mitad de la misma figura de tres maneras diferentes.

¿Cómo podrías comprobar que una mitad de cada forma es roja?

Traza líneas para indicar tres maneras diferentes de partir la misma figura en cuartos. Colorea de azul una parte de cada figura.

¿Cómo podrías comprobar que un cuarto de cada forma es azul? ¿Cuáles son otras maneras de colorear un cuarto?

Intensifica

1. Colorea de rojo una parte de cada figura. Luego encierra el nombre de la fracción que describe la parte roja.

a.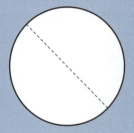

un medio
o
un cuarto

b.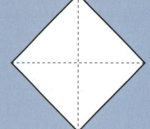

un medio
o
un cuarto

c.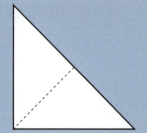

un medio
o
un cuarto

2. Escribe la fracción de cada figura que está coloreada. Algunas figuras no tienen ni un medio ni un cuarto coloreado. Escribe **ninguno** para esas figuras.

a.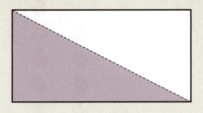
_____

b.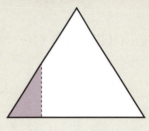
_____

c.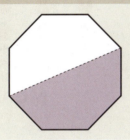
_____

d.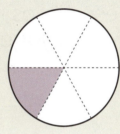
_____

e.
_____

f.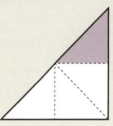
_____

Avanza Observa la pregunta 2f. ¿Cómo decidiste qué fracción está coloreada? Escribe tu razonamiento con palabras.

_____
_____
_____

6.12 Reforzando conceptos y destrezas

Piensa y resuelve

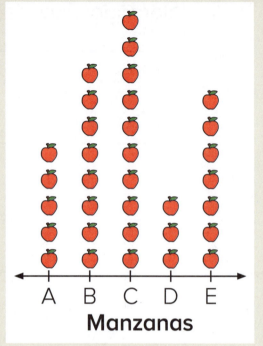
Manzanas

a. Escribe el número de 🍎 en cada columna.

A = ☐   B = ☐   C = ☐

D = ☐   E = ☐

b. Vuelve a escribir los números en orden de **mayor** a **menor**.

☐ ☐ ☐ ☐ ☐

Palabras en acción Escribe acerca de cómo podrías comprobar si una hoja de papel ha sido doblada en cuartos. Puedes doblar una hoja de papel como ayuda.

_____
_____
_____
_____
_____
_____
_____

Práctica continua

1. Dibuja ⌒ para conectar los puntos en orden.

2. Traza una línea más en cada figura para indicar cuatro partes del mismo tamaño. Luego colorea **un cuarto**.

a.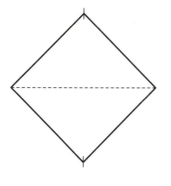

b.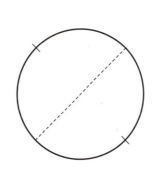

c.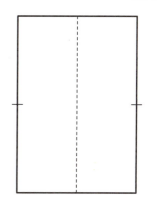

Prepárate para el módulo 7   Escribe cada hora en el reloj digital.

a.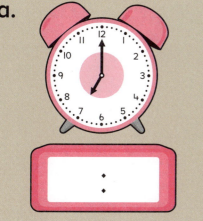

b.

c.

Espacio de trabajo

GLOSARIO DEL ESTUDIANTE

Capacidad

Capacidad es la cantidad de algo que un recipiente puede contener. Por ejemplo, una taza **contiene menos** que una botella de jugo.

Comparación

Cuando se lee de izquierda a derecha, el símbolo **>** significa **es mayor que**. El símbolo **<** significa **es menor que**. Por ejemplo: 2 < 6 significa que 2 **es menor que** 6

Ecuación

Una **ecuación** es un enunciado numérico que utiliza el símbolo de igualdad. Por ejemplo: 7 + 8 = 15

Estrategias de cálculo mental para la resta

Estas son **estrategias** que puedes utilizar para calcular un problema matemático mentalmente.

Contar hacia atrás	*Ves* 9 – 2	*piensa* 9 – 1 – 1
	Ves 26 – 20	*piensa* 26 – 10 – 10
Pensar en suma	*Ves* 17 – 9	*piensa* 9 + 8 = 17
	entonces 17 – 9 = 8	

Estrategias de cálculo mental para la suma

Estas son **estrategias** que puedes utilizar para calcular un problema matemático mentalmente.

Contar hacia delante	*Ves* 2 + 8	*piensa* 8 + 1 + 1
	Ves 58 + 24	*piensa* 58 + 10 + 10 + 4
Dobles	*Ves* 7 + 7	*piensa* doble 7
	Ves 25 + 26	*piensa* doble 25 más 1 más
	Ves 35 + 37	*piensa* doble 35 más 2 más
Hacer diez	*Ves* 9 + 4	*piensa* 9 + 1 + 3
	Ves 38 + 14	*piensa* 38 + 2 + 12
Valor posicional	*Ves* 32 + 27	*piensa* 32 + 20 + 7

GLOSARIO DEL ESTUDIANTE

Familia de operaciones básicas

Una **familia de operaciones básicas** incluye una operación básica de suma, su operación conmutativa y las dos operaciones básicas de resta relacionadas. Por ejemplo:

$$4 + 2 = 6$$
$$2 + 4 = 6$$
$$6 - 4 = 2$$
$$6 - 2 = 4$$

Figura 2D

Una **figura bidimensional (2D)** tiene bordes rectos, bordes curvos, o bordes rectos y curvos. Por ejemplo:

triángulos

círculos

cuadrados

otras figuras

Fracción común

Las **fracciones comunes** describen partes iguales de un entero.

un medio

un cuarto

Igualdad

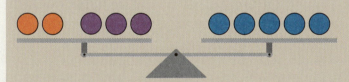

2 y 3 **equilibran** 5

2 y 3 **es igual a** 5

$2 + 3 = 5$

Marca de conteo

Una **marca de conteo** es una marca utilizada para registrar el número de veces que algo ocurre. Se usa una marca de conteo en diagonal sobre cuatro marcas de conteo para hacer grupos de cinco. Por ejemplo:

cuatro marcas de conteo

GLOSARIO DEL ESTUDIANTE

Masa

Masa es la cantidad de peso de algo. Por ejemplo, un gato **pesa más** que un ratón.

Numeral

Un **numeral** es el símbolo utilizado para representar un número.

Número

El **número** dice "cuántos". Por ejemplo, hay nueve bloques en este grupo.

Objeto 3D

Un **objeto tridimensional (3D)** tiene superficies planas, superficies curvas o superficies planas y curvas. Por ejemplo:

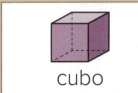

cubo — esfera — cono — cilindro

Operación conmutativa básica

Cada operación básica de suma tiene una **operación conmutativa básica**.

Por ejemplo: 2 + 3 = 5 y 3 + 2 = 5

Operaciones básicas de resta relacionadas

Cada operación básica de resta tiene una operación básica **relacionada**.

Por ejemplo: 7 − 4 = 3 y 7 − 3 = 4

GLOSARIO DEL ESTUDIANTE

Operaciones numéricas básicas

Las **operaciones básicas de suma** son ecuaciones en las que se suman dos números de un solo dígito. Las operaciones básicas de suma se pueden escribir con el total al inicio o al final.

Por ejemplo: 2 + 3 = 5, o 3 = 1 + 2

Las **operaciones básicas de resta** son ecuaciones de resta relacionadas a las operaciones básicas de suma de arriba.

Por ejemplo: 5 − 2 = 3 o 3 − 2 = 1

Resta

Restar es encontrar una parte cuando se conoce el total y una parte.

Total − Parte = Parte
5 − 2 = 3
Parte + ___ = Parte
2 + ___ = 5

Suma

Sumar es encontrar el total cuando se conocen dos o más partes.
Suma es otra palabra para total.

Parte + Parte = Total
2 + 3 = 5

ÍNDICE DEL PROFESOR

Cinta numerada
    Anotación de estrategias mentales 62, 63, 67, 128, 129, 132, 133, 137, 320, 321, 325, 343, 372, 373, 376, 378, 379, 396, 401, 413, 419, 442, 443, 451
    Posición 26, 27, 73, 293, 407

Comparación
    Capacidad 425, 458, 459, 468
    Longitud 79, 106–9, 116, 117, 143
    Masa 304, 380, 431, 464, 465
    Número
        Números de dos dígitos 24, 25, 35, 172, 173, 176–80, 182, 183, 185, 187–91, 193, 219, 225, 436, 437, 439
        Números de un dígito 155, 184, 185
    Objectos 3D 388, 389
    Símbolo 184, 185, 188,–93, 363

Datos
    Gráficas de sí/no 36, 37, 73
    Interpretación 36–9, 73, 308, 309, 312–7, 349, 355
    Pictogramas 38, 39, 79, 273
    Tabla de conteo 79, 279, 308, 309, 312–7, 343, 349, 355

Dinero
    Centavos 29, 375, 387, 393, 428, 429
    Dólares 428, 429
    Monedas 11, 15, 17, 23, 375, 416, 417, 420–3, 425, 428–31, 463
    Transacciones 387, 393, 426, 427, 469

Familia de operaciones básicas
    Suma y resta 366, 367, 370, 371, 375, 380

Figura
    Figuras bidimensionales
        Atributos 111, 140–2, 144–7, 149, 150, 151, 154, 155, 187, 193, 381, 393
        Composición 152, 153
        Dibujo 16, 104, 117, 150–3, 193, 387, 393
        Lenguaje 16, 104, 150, 151, 355

Figura (continuación)
    Objetos tridimensionales
        Atributos 67, 349, 384, 385, 387–9, 392, 393, 425, 431
        Comparación 388, 389
        Composición 390, 391

Fracciones
    Fracciones comunes
        Conceptos 181, 187
        Lenguaje 218
    Modelos
        Área 193, 220, 221, 225–31, 267, 342, 444
        Longitudinal 216, 217, 222, 223, 273, 279

Medición
    Capacidad
        Comparación 425, 458, 459, 468
        Lenguaje 181, 187, 468
        Unidades informales 460, 461, 463
    La hora
        Hora 70, 71, 74–7, 79, 111, 117, 219, 225, 231, 274–7, 311
        Lenguaje 70, 76, 270, 271, 274, 275, 278, 311
        Media hora 270, 271, 274–7, 279, 311, 317
        Reloj
            Analógico 70, 71, 74–7, 79, 111, 117, 219, 225, 231, 270, 271, 276–9, 311, 317
            Digital 76, 77, 117, 231, 274–7, 317
    Longitud
        Comparación 79, 106–9, 116, 117, 143, 149
        Unidades informales 112–5, 149, 155
    Masa
        Comparación 304, 380, 431, 464, 465
        Lenguaje 468
        Unidades informales 466, 467, 469

Numeros ordinales 30–3, 41, 231

Orden
    Números de dos dígitos 182, 183, 225

ÍNDICE DEL PROFESOR

Razonamiento algebraico
- Igualdad 28, 54, 78, 92, 143, 267, 278, 300–7, 311, 330, 363, 406, 456
- Patrones
  - Conteo salteado
    - Cinco en cinco 410, 411, 418, 419
    - Diez en diez 82, 92, 125, 410, 411, 418, 419
    - Dos en dos 408, 409, 418, 419, 451
  - Figura 35, 41, 66, 142, 354, 381, 414, 415, 457
  - Resta 446, 447
  - Suma 326, 327, 369
- Resolución de problemas
  - Problemas *Think Tank* 16, 28, 40, 54, 78, 92, 104, 116, 130, 142, 154, 168, 180, 192, 206, 218, 230, 254, 266, 278, 292, 304, 316, 342, 354, 368, 380, 392, 406, 418, 430, 444, 456, 468
  - Problemas verbales
    - Resta 105, 134, 135, 138, 139, 203, 209, 215, 263, 268, 269, 273, 382, 383, 404, 405
    - Suma 25, 27, 45, 53, 105, 138, 139, 323, 352, 353, 404, 405

Representación de números
- Números de dos dígitos
  - Palabra 18, 19, 82, 83, 87–93, 95, 97, 99, 101, 137, 207
  - Pictórica
    - Marco de diez 18, 20, 21, 24, 25, 29, 35, 55, 61, 67, 84, 85, 88, 89, 93, 137, 213
    - Otra 23, 28, 55, 83–5, 94–7, 99–101, 105, 111, 131
  - Simbólica 15, 18–21, 24, 25, 35, 55, 94, 95, 100, 101, 105, 125, 213, 401
  - Valor posicional 20, 55, 83–5, 88–91, 93–7, 99–103, 105, 111, 131, 137, 201, 207, 213, 401, 434–7, 439, 445
- Números de tres dígitos
  - Palabra 250–3, 258, 259, 261, 457
  - Pictórica 245–7, 251, 253, 287, 445, 451
  - Simbólica 256–9, 305
  - Valor posicional 244–7, 249–53, 255–8, 261, 293, 305, 440, 441, 451, 457

Representación de números (continuación)
- Números de un dígito
  - Palabra 12, 13, 61
  - Pictórica
    - Marco de cinco 17
    - Marco de diez 49
    - Otra 6, 7, 9, 11–5, 17
  - Simbólica 8, 9, 11–3, 17, 49

Resta
- Conceptos 120–3
- Estrategias mentales
  - Contar hacia atrás 128, 129, 131–3, 137, 163, 175, 268, 269, 272, 325, 364, 365, 376–9, 442, 443, 446–9, 451–5, 457, 462
  - Pensar en suma
    - Contar hacia delante 204, 205, 208, 209, 255, 268, 269, 305, 376–9
    - Dobles 210, 211, 213–5, 219, 261–5, 267–9, 305
    - Hacer diez 396–9, 401
- Modelos
  - Comparación 372, 373, 413
  - Sumando desconocido 249, 255, 261–5, 267, 299, 331, 439, 445
- Números de dos dígitos 364, 365, 419, 442, 443, 446–9, 452, 453–5, 457, 462
- Operaciones básicas 10, 22, 34, 48, 60, 86, 87, 93, 99, 120–7, 130, 131, 137, 163, 175, 204, 205, 208–11, 213, 248, 255, 261–5, 267, 272, 298, 299, 305, 325, 336, 337, 348, 358–61, 363, 366, 367, 369, 370–81, 396–9, 401–3, 407, 413, 419, 424, 439, 445, 450
- Operaciones básicas relacionadas 358–61, 363, 366, 367, 401
- Patrones 446, 447
- Problemas verbales 105, 134, 135, 138, 139, 143, 181, 203, 209, 215, 263, 268, 269, 273, 382, 383, 404, 405
- Relacionada a la suma 196–9, 201–5, 207–11, 213–5, 219, 249, 255, 261–5, 267, 299, 331, 407

ÍNDICE DEL PROFESOR

Suma

Conceptos 44

Estrategias mentales

Contar hacia delante 46, 47, 50–3, 55–9, 61–3, 66, 87, 98, 99, 110, 136, 137, 162, 169–71, 181, 212, 287, 296, 297, 299, 320–3, 328, 329, 331–5, 337, 463

Dobles 64, 65, 68, 69, 73, 78, 105, 131, 158–61, 163–7, 169–71, 174, 175, 181, 186, 200, 201, 207, 213, 224, 296, 297

Hacer diez 288–91, 296, 297, 299, 311, 325, 363

Números de dos dígitos 62, 63, 67, 98, 136, 159, 212, 287, 299–301, 320–3, 325–9, 331–5, 337–41, 343–7, 349, 350, 351, 355, 362, 369, 375, 400, 412, 424

Operaciones básicas 10, 11, 21, 23, 29, 34, 35, 41, 44, 48–53, 55, 56–61, 64–6, 68, 69, 72, 73, 86, 87, 93, 98, 99, 105, 110, 124, 125, 130, 131, 136, 137, 148, 158, 159–67, 169, 170, 171, 174, 175, 186, 212, 224, 249, 255, 260, 261, 282, 286–91, 294–7, 299–301, 310, 311, 317, 324, 325, 331, 337, 362, 363, 366, 367, 369–71, 375, 386, 402, 403, 413, 438, 463, 468

Patrones 326, 327, 369

Problemas verbales 45, 53, 105, 138, 139, 168, 181, 323, 352–4, 404, 405

Propiedades

Propiedad asociativa 284, 285, 287, 293

Propiedad conmutativa

41, 58, 59, 99, 159, 163–5, 201, 261, 287, 294, 295, 331, 337, 469

Tres sumandos 283–5, 287, 293

Valor posicional 338–41, 343–7, 349–51, 355

Vocabulario académico 16, 28, 40, 54, 78, 92, 104, 116, 130, 142, 154, 168, 180, 192, 206, 218, 230, 254, 266, 278, 292, 304, 316, 342, 354, 368, 380, 392, 406, 418, 430, 444, 456, 468